モビリティー
サプライヤー
進化論

CASE時代を
勝ち抜くのは誰か

アーサー・ディ・リトル・ジャパン 著

日経BP

はじめに

自動車業界は100年に一度といわれる大変革期にある。これには「CASE（Connected、Autonomous、Shared、Electric）」と呼ばれる自動車の機能が劇的に進化していくことが大きく影響している。さらに「MaaS（Mobility as a Service）」、「脱ケイレツ構造」の動きが自動車業界の変革を加速度的に促している。

第2の要素であるMaaSは、鉄道やバス、タクシーなどの交通サービサーや地域交通の形成を促す行政から提唱されてきたものであり、交通サービス全般の連携の高度化による利便性向上や、異業種と交通サービスの連携による価値創出を狙う概念である。MaaSの概念の浸透により、自動車もその主軸が従来の所有型の市場から利用型へとシフトし、さらには他の交通サービスとの連携も求められつつある。バスやタクシーなどのサービスカーの分野でも、自動運転への対応のみならず、オンデマンド対応など、ICTを活用したより高次なサービスへの転換が求められる。

第3の要素である脱ケイレツ構造の加速は、完成車メーカー（OEM）の開発のすそ野が広がったことに端を発する。多くの日系OEMでもケイレツ構造の維持が困難になりつつあり、既存のサプライヤー構造を見直し、水平転換モデルへの切り替えを促進している。ケイレツ構造の維持を図るOEMでも、ケイレツ内でサプライヤーの集約を推し進め、ケイレツ内外を両にらみした事業へと切り替えを進めているように見受けられる。これにより、特にサプライヤー（部品メーカー）においては、世界市場で勝ち抜くための競争戦略の重要度がより高まっている。

CASE、MaaS、脱ケイレツ構造の加速が進む中でOEMへの影響が注目されがちであるが、サプライヤーにもより深刻な影響をもたらしている。そこで、本書ではサプライヤーに焦点を当て、大変革期における影響を包括的に捉え、今後の経営課題を探りながら日系サプライヤーが勝ち抜くための取り組みの在り方を論じる。

特に本書では、サプライヤーにとって影響の大きいCASEと脱ケイレツ構造の加速に焦点を当てている。MaaSもサプライヤーに影響を与えるが、部品からやや距離のあるMaaSの動向を論じるよりも、MaaSの影響を間接的に踏まえた自動車の機能進化であるCASEを起点として影響を分析している。なお、MaaSやShared、Autonomousによる新たなサービスビジネスの展開の可能性については、弊社（アーサー・ディ・リトル・ジャパン）が以前に上梓した「モビリティー進化論」（日経BP）を参照していただきたい。

本書は4部構成で、サプライヤーの進化の在り方を論じている。第1部では、CASEの動向やグローバルサプライチェーン構造の変化を踏まえて、サプライヤーへの影響と採るべき施策の方向性を考察した。第2部では、採るべき施策の具体的な取り組みの在り方を、先行企業の事例も交えながら示した。

第3部では、自動車産業以外の事業者にとっての自動車業界の大変革を捉えた取り組み方向性を示しており、情報通信事業者や素材事業者、インフラ事業者、電機事業者、金融事業者を取り上げて考察した。最後に第4部として、各産業のキーパーソンや行政との対話を通じて、サプライヤーの進化の方向性や具体的な取り組みの在り方を確認しつつ、各社の取り組み事例を紹介した。

本書は、2018年10月から2019年7月にかけて「日経xTECH」で連載した記事を基に、さらに考察を加えてまとめた。多様な経営イシューを網羅しながら、地域別、産業別の観点も取り入れるため、弊社（アーサー・ディ・リトル）の技術・産業に対する洞察とグローバルネットワークを活用し、事実分析に基づく考察を行った。また広範にわたる内容を広く深くカバーするため、各業界・トピックスに精通するエキスパート15人で執筆・編纂にあたった。

大変革の時期にある一方で、足元の事業環境の変化が緩やかに進む自動車業界では、ともすれば後手の対応になりかねない。現業の対応に加えて、今後の変化を踏まえた経営上の大きな取り組みの方向性を押さえ、日本のサプライヤーがグローバル市場で着実に勝ち抜くために、本書が地に足がついた議論を加速させるための一助となれば幸いである。

モビリティーサプライヤー進化論
CASE時代を勝ち抜くのは誰か

C O N T E N T S

第1部

事業環境の変化と勝ち残りのための処方箋

第1章

CASEのインパクト、自動車部品産業が最大3割消滅？

CASEのインパクト、自動車部品産業が最大３割消滅？

第１章では、「CASE」と呼ばれる技術トレンドの変化による自動車部品産業への影響と、日本の自動車部品産業の現状の競争力を俯瞰する。その上で、勝ち残りに向けた方向性を整理する。

クルマのあり方や提供価値が変化

自動車産業では、「コネクテッド（C）」、「自動運転（A）」、「シェアリングサービス（S）」、パワートレーンの「電動化（E）」という大きな技術変化が、同時並行的に進行している。こうした技術変化は、自動車メーカーの技術基盤とビジネスモデルを大きく変化させる可能性がある。これらの変化は、自動車部品産業にどのような影響を与えるのだろうか（**図1-1**）。

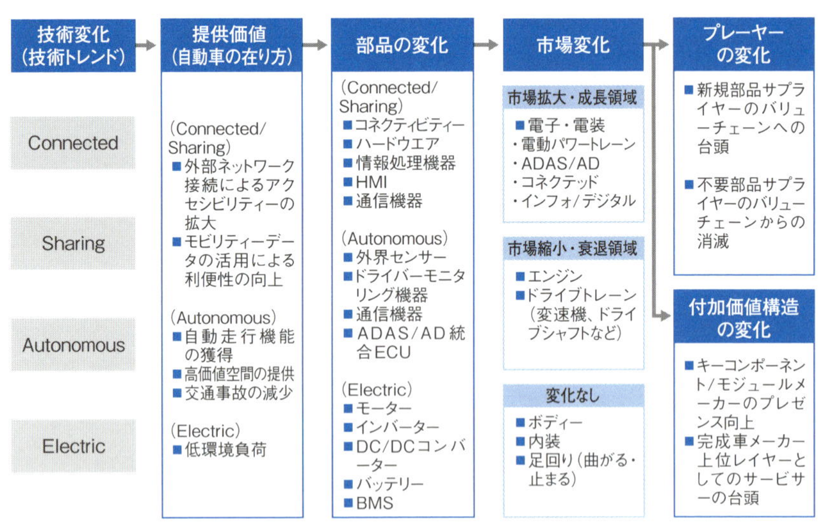

図1-1　自動車の技術変化に伴う自動車部品産業の環境変化
（出所：ADL）

まず、クルマのあり方や提供価値が変化する。コネクテッド化により車両と外部の情報ネットワークがつながることで、インフォテインメントなどの形で外部コンテンツの取り込みが容易になる。また、動的な地図情報を常時アップデートすることで完全自動運転が実現される。これにより、クルマは従来にない機能を持つことになる。

一方、車両・走行データの外部活用が進み、新たな形態での広告や店舗への集客方法が普及するなどの利便性の向上が見込まれる。さらに、先進運転支援システム（ADAS）や自動運転システムが実現すれば、交通事故の減少や車内でのセカンドタスク（運転以外の行動）が可能となり、室内空間が動くオフィス・応接室として機能することも期待できる。パワートレーンの電動化によって、さらなる環境負荷の低減も見込まれる。

このようなクルマを起点とした新たな提供価値を実現するには、従来の車両にはなかった多くの新たな部品やサブシステム、ソフトウエアの搭載が必要となる。一方で、特にパワートレーンの周りでは、内燃機関をベースとした従来型の機構部品の多くが電気自動車（EV）や燃料電池車（FCV）では不要となる。特にEVの場合には、車両全体を構成する部品点数そのものが大きく減少することが予想されている。

自動車部品メーカー消滅のリスク

結果として、自動車部品産業において新たな主要プレーヤーが台頭したり、従来型のパワートレーン系の部品を中核とする部品メーカーが業態転換を迫られたりするなどプレーヤーの顔ぶれが変化する。また、その付加価値構造の観点からは、新たな付加機能の中核を担うキーコンポーネント/モジュールメーカーが台頭したり、車両を利活用したモビリティーサービスの普及によりサービスプラットフォームを提供したりする事業者が、バリューチェーン上の新たなキープレーヤーとなるなど大きな変化が起こりつつある。

この中で、特に大きな影響があると予想されるのが、パワートレーンの電動化である（**図1-2**）。

現状の内燃機関ベースのパワートレーンが、EVやFCVなどの電動パワートレーンに全て代替される場合には、エンジン部品や変速機、ドライブシャフトといった駆動・伝達系部品を中心に、国内における自動車部品出荷額の最大で約28%が影響を受ける。最悪の場合、市場そのものが消滅するリスクにさらされている。

もちろん、パワートレーンの電動化については、当面はハイブリッド車（HEV）などの内燃機関が残った状態で、電動系部品が付加される形の進化が予想される。EVやFCVへの移行も、ある日突然起こるものではなく、長い時間軸の中で徐々に進行するものである。

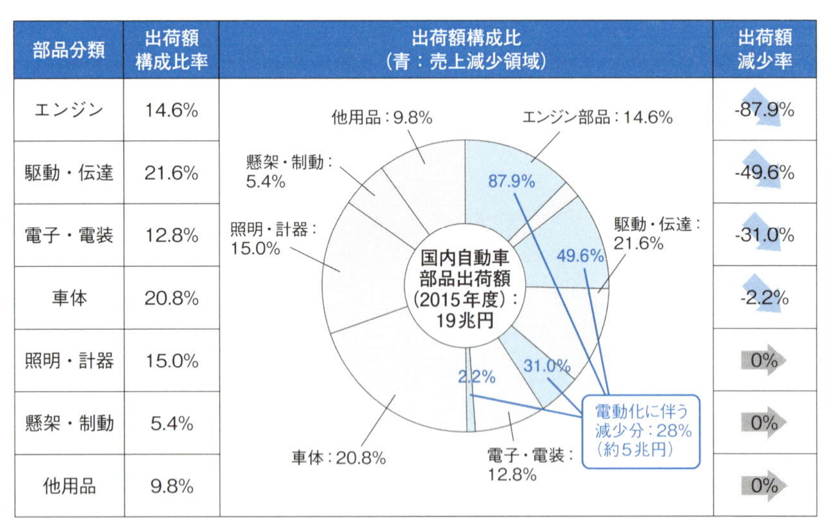

部品分類	出荷額構成比率	出荷額構成比（青：売上減少領域）	出荷額減少率
エンジン	14.6%		-87.9%
駆動・伝達	21.6%		-49.6%
電子・電装	12.8%		-31.0%
車体	20.8%		-2.2%
照明・計器	15.0%		0%
懸架・制動	5.4%		0%
他用品	9.8%		0%

図1-2　パワートレーンの電動化に伴う自動車部品産業への影響
（出所：日本自動車部品工業会の資料を基にADLが作成）

しかし、特にこのエンジンや駆動・伝達系のメカトロニクス技術を基盤とした部品群で高い競争力を持つ日本の部品産業にとっては、無視できない影響であることは間違いないだろう。

求められる新たな四つのプレーヤー

このように、パワートレーンの電動化はマイナスの影響がクローズアップされがちだが、全体でみればその対象市場は拡大していく。従来型の自動車産業がモビリティー産業に拡張されるイメージである（**図1-3**）。

図1-3の灰色で示したOEMを頂点とした従来の自動車産業の産業構造が、より広義のモビリティー産業として再定義されることで、従来よりもひと回り大きい成長産業として存在感を増していく。具体的には、モビリティー産業を成立させるには、以下の4種類の新たなプ

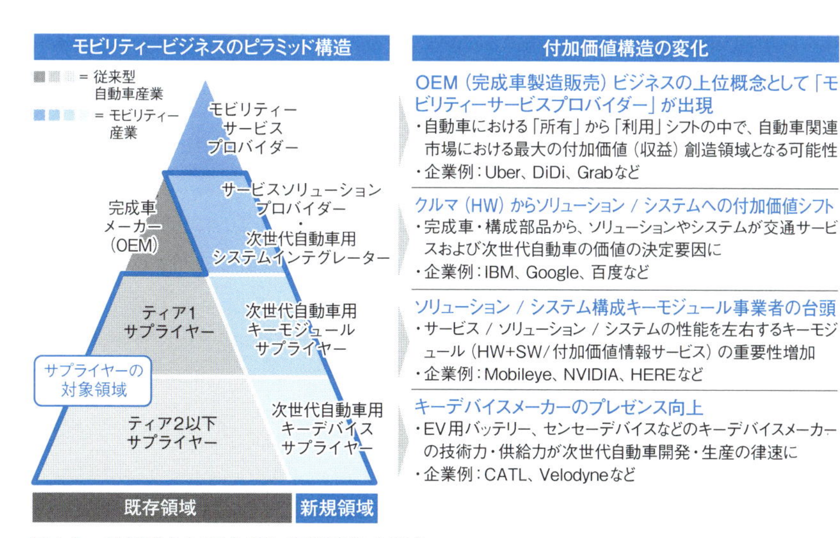

図1-3　技術変化に伴う付加価値構造の変化
（出所：ADL）

レーヤー（役割）が必要となる。
第1は、OEMが展開してきたクルマの開発・製造・販売ビジネスの上位概念として出現しつつある「モビリティーサービス（MaaS）プロバイダー」である。代表例として、米ウーバー・テクノロジーズ（Uber Technologies）や中国・滴滴出行（DiDi）、シンガポール・グラブ（Grab）などのライドシェア事業者が挙げられる。ドイツ・ダイムラー（Daimler）やトヨタ自動車など既存のOEMも、自らのビジネスモデルを拡張することで積極的に取り込みを目指している領域である。
第2は、モビリティーサービスや次世代自動車向けの「サービス・ソリューション・プロバイダー」や「システムインテグレーター」としての役割である。前者では、モビリティーサービス事業者向けの運行管理システムやコネクテッドサービス提供のためのサービス提供基盤、後者であれば自動運転車向けの統合システムや電動パワートレーンユニットなどが該当する。
米IBMや同グーグル（Google）、中国・百度といったITサービス系のプレーヤーが新規参入を狙ったり、ドイツ・ボッシュ（Bosch）、同コンチネンタル（Continental）、デンソーなどの従来の大手ティア1サプライヤーが、既存ビジネスの拡張領域として取り込みを目指したりしている領域である。
第3は、モビリティーサービスや次世代自動車向けの「キー・モジュール・サプライヤー」の役割である。自動運転車向けの画像認識システム、統合ECU（電子制御ユニット）、ダイナミックマップ、電動パワートレーン向けのバッテリー・マネジメント・システム（BMS）などが該当する。
その特徴としては、ハードウエアとソフトウエアの融合が必要になる点である。イスラエル・モービルアイ（Mobileye）や米エヌビディア（NVIDIA）、ドイツ・ヒア（HERE）などの新興技術サプライヤーと既存のティア1サプライヤーとの間での競争・協調が激しくなっている領域である。

最後が、次世代自動車向けの「キーデバイスサプライヤー」である。代表例を挙げれば、LIDARなどの自動運転向けのセンサーデバイスやEV用のバッテリーなどである。グローバルに新旧サプライヤーがしのぎを削っている領域だ。

2030年の市場規模は230兆円に迫る

以上のような四つの機能のうち、一つ目の「モビリティーサービスプロバイダー」以外の3つの機能は、いずれも既存の部品メーカーにとっても新たな事業機会となり得る領域であり、その成長余地は大きなものとなる。ここで、このような自動車部品（モビリティーサプライヤー）産業の成長ポテンシャルを定量化した（**図1-4**）。

自動車部品産業の現状の市場規模は、グローバルで160兆円強となっている。同時期のグローバル市場規模が40兆円強と言われている半導体市場の4倍にもなる。これが、完成車市場の緩やかな拡大に加え、前述のような新たな付加価値の獲得により、2030年には230兆円に近い規模にまで拡大が見込まれる。

一方、国内に限定すると、現在の19兆円弱の市場規模が2025年ごろまでは微増傾向で20兆円近くまで拡大するものの、2025年以降は電動車両の本格普及や日本国内における完成車生産台数の縮小に伴い、横ばいから微減に転じることが予想されている。

特にパワートレーンの電動化により、それに関連する既存部品に関しては、現状の市場規模が2030年までに1割程度減少することが見込まれる。ただし、既にグローバル展開が進んでいる日系部品メーカーにとっては、あくまで国内市場のみならずグローバル市場全体が

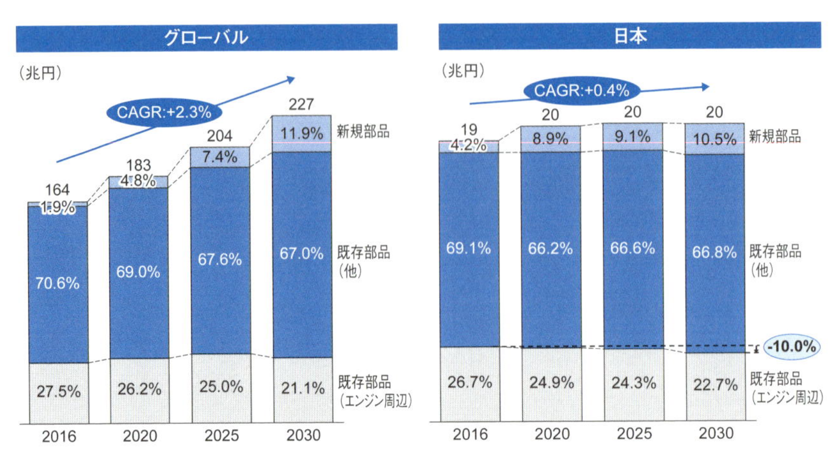

図1-4　自動車部品市場の将来規模予測
(出所：各種資料を基にADLが作成)

対象市場である。その意味でも、グローバル展開のさらなる加速が、今後の成長を実現する上では不可欠である。

日系サプライヤーが進むべき道

それでは、日本のモビリティーサプライヤー産業がグローバルな自動車部品市場の成長を享受するためには、どのような方針で戦っていくべきだろうか。この問いに答えるために、まずは日本企業の競争力を客観的に把握することが重要である。そこで、主要機能領域を「市場成長率（＝市場としての魅力度）」と「日本企業のグローバルシェア合計（＝日本企業の競争力）」の観点から分類してみた（**図1-5**）。

このうち、「日本企業のグローバルシェア合計」に関しては、グローバルシェアで30%が一つの目安となる。日系OEMのグローバルシェアの合計が30%程度であり、これよりも部品メーカーのグローバルシェアが高いということは、海外のOEMに対しても一定のシェアを有していることになり、その部品がグローバルな競争力を持ち得ていることの一つの証左となる。

このような観点で見た場合、市場の成長率と日本企業の競争力が共に高く、日本企業にとっての有望領域となる筆頭の領域が、電動パワートレーン向けのモーター、インバーター、電池などのキーコンポーネントである。これは､トヨタやホンダのハイブリッド車（HEV）や日産のEV、三菱自動車のプラグインハイブリッド車（PHEV）など、日系のOEMが世界に先駆けて電動車を量産・市場投入してきたことによる先行者利益が現れているものである。

また、車載領域での量産実績のみならず、その背景にある産業構造的な厚みの面からも、パワーエレクトロニクス機器を小さく・安くして量産化する技術力においては、隣接するエレクトロニクス産業も含めて日本は現時点では圧倒的な強みを持っている。今後、世界的に電動車両の市場が拡大することは、日本の部品産業にとっては、大きな追い風になるだろう。

自動運転車の「目」となり、今後さらなる成長が見込まれるイメージセンサーや車載のカメラモジュールを中心としたセンサー領域でも、日本メーカーは一定の競争力を確保している。今後は、スマートフォン向けのイメージセンサーで世界トップのソニーが車載領域にも本格参入を果たすことで、さらなるシェア向上が見込めるだろう。

一方、成長性の観点ではこれらの領域ほどではないが、日本企業のグローバルシェアが過半を超え、現状でグローバル競争力が特に高い領域としては、パワーステアリングなどの操舵系コンポーネント、ハーネス・小型モーターなどの電子・制御部品、スターターやオルタネーターなどのエンジン補器部品、ヘッドランプ・リアランプなどの電装・照明部品、カーナビゲーション・カーオーディオなどのインフォテインメント機器などが挙げられる。

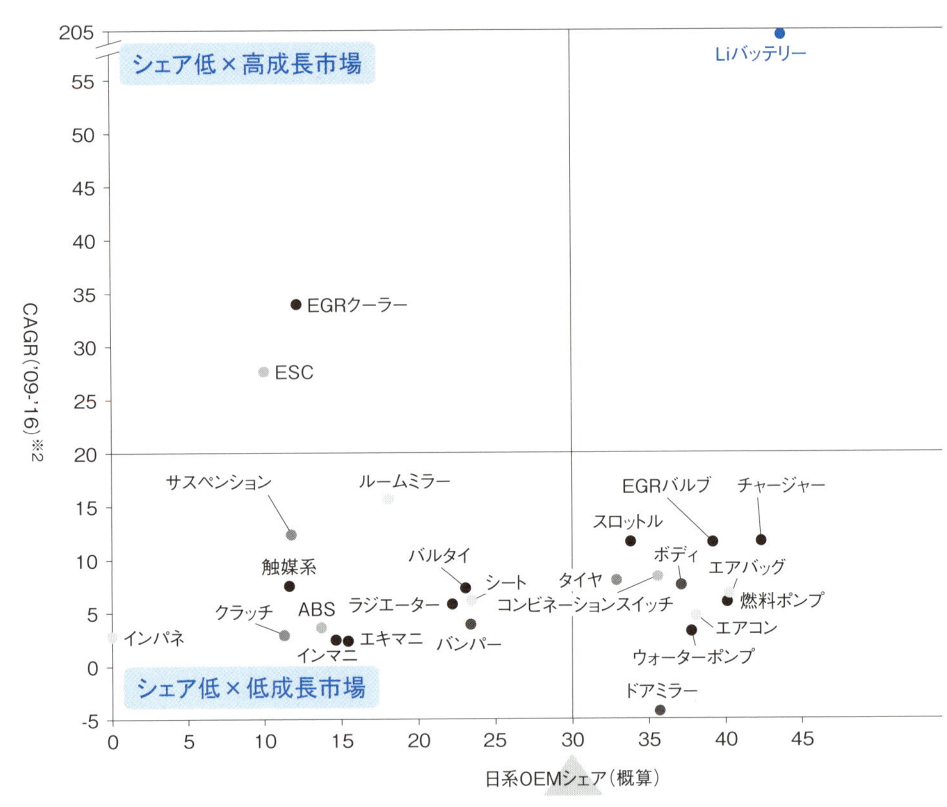

※1：シェア上位メーカーにおける日系企業シェア、2016年時点（一部2014年データを使用）
※2：2009年⇒2016年におけるCAGR変化（販売量変化であることに留意、一部他年におけるデータを使用）

図1-5　日系自動車部品メーカーの競争力
（出所：富士キメラ総研、富士経済）

有望領域に見られる共通点

これらの日本企業にとっての有望領域は、事業・技術特性の観点からどのような共通性が見られるだろうか。この観点から各領域を整理した（**図1-6**）。この図では、横軸に「要素技術としての複雑性」を、縦軸に「製品仕様におけるカスタマイズの必要性」を取った。

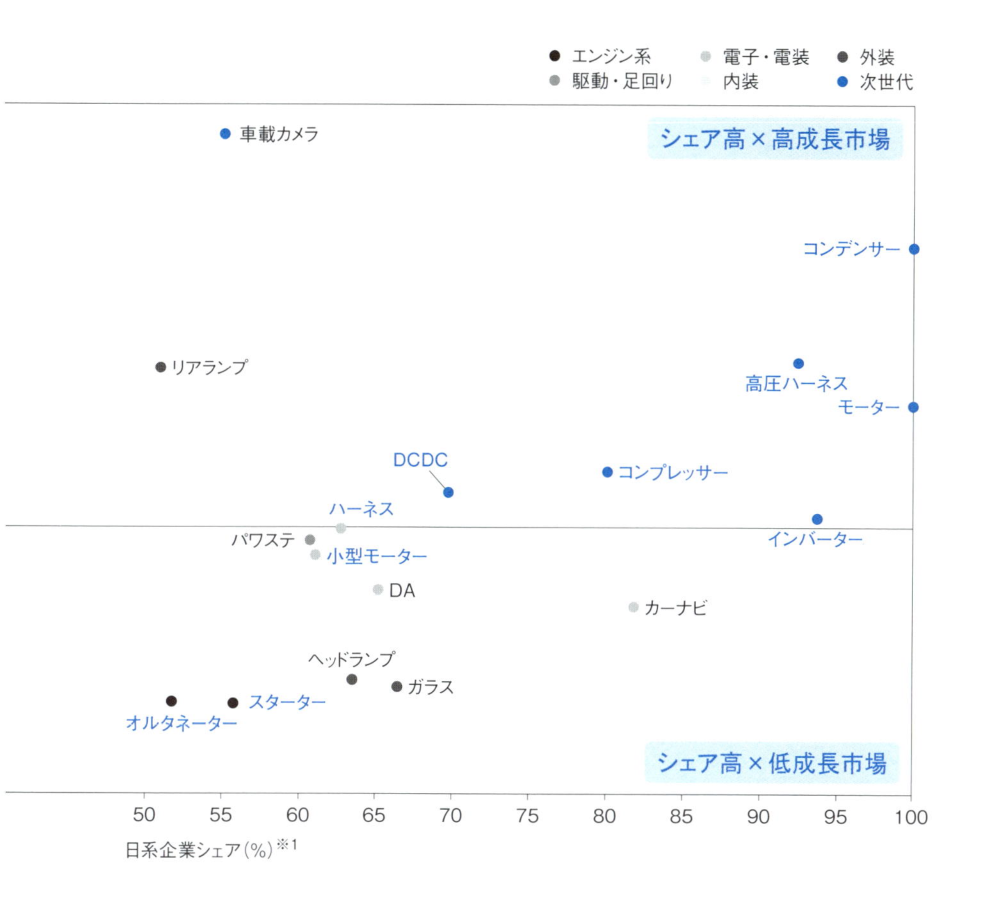

上記の２軸で整理をすると、図1-5で日本企業の競争力が高いとされた領域の多くが、図1-6では右上に位置付けられる。すなわち要素技術の観点からは、メカトロ部品のように機械系と電気系と制御系などの異種技術のすり合わせが必要で、かつ製品仕様の観点からも顧客ごとのカスタマイズ対応が求められるため、結果として事業としての

日系企業優位の部品領域

部品要求仕様（カスタム⇔汎用）	ソフトウェア中核部品	成形加工部品	電機・電子／機構部品	メカトロ部品（＋制御）
カスタム中心	<Connected> HMI系	外装 シート エンジン本体 （シリンダブロック・ヘッドなど） 吸排気 （インマニ・エキマニなど）	電子・制御 （ハーネス・小型モータなど） 電装・照明 インフォテイメント （カーナビなど）	<電動PT> 駆動系 <電動PT> 駆動制御系 制動・懸架・操縦 （パワステなど）
OEMにより異なる		駆動・伝導 制動・懸架・操縦 （サスペンション・パーキングブレーキなど）	<電動PT> バッテリー系 安全装備 タイヤ	空調
汎用中心	<ADAS/AD> 制御系 電子・制御 （ESC/ABS等）		吸排気 （チャージャー等） <ADAS/AD> センサー系 <Connected> 通信機器	エンジン本体 （燃料ポンプ・ウォーターポンプなど） エンジン本体 （スターター・オルタネーターなど）

ソフトウェア/IT　複雑性低　部品（物理）特性　複雑性高（要摺り合わせ）

既存部品　新規部品

図1-6　日系自動車部品メーカーの競争優位領域
（出所：ADL）

複雑性が高くなる領域が日本企業の得意な領域と言える。

一方で、単純な成形加工系の部品やソフトウエアが性能を支配する領域では日本メーカーのグローバルな競争力は相対的に劣っている場合が多い。

以上の考察を踏まえると、領域ごとの日本の部品産業としての目指すべき方向性としては、大きく次のように整理できる（**図1-7**）。

まず、市場の成長性と日系部品メーカーの現状の競争力の両方が高い電池などの電動化部品に関しては、今後の市場拡大の局面においては特に、増産投資に向けたOEMと部品メーカー間の投資リスクの共有を含めた疑似垂直統合的な構造の構築が鍵となるであろう。

	対象部品分類	成長性 日系	競争力	部品分類の特徴	目指すべき方向性
電動部品 パワートレーン（PT）	・<電動PT>バッテリー系 ・<電動PT>駆動系 ・<電動PT>駆動制御系	高	中-高	・現時点、日系競争力は高いが、競争環境は流動的 ・各国OEMが自社開発や生産能力確保のため部品メーカーとの連携を強化	完成車メーカーを中心とした連携体制強化
メカトロ・熱マネジメント部品	・操舵（パワステ等） ・エンジン補器（スターターなど） ・空調	中	高	・日系企業のモノづくり＋制御による要求仕様実現力が活き、競争力は高い ・欧州系はデジタル化で競争力強化を目論む	デジタル化対応による競争力維持・強化
電機・電子／機構部品	・電子・制御（ハーネス・小型モーターなど） ・電装・照明 ・吸排気（チャージャーなど） ・安全装備	低ー中	中ー高	・日系企業のモノづくりの高精度・品質により比較的競争力は高い ・OEMによるモジュールアーキテクチャ採用が進む中、欧州系Tier1を中心に単品ではないシステム納入が拡大	システム化（単品からの脱却）による競争力強化
成形加工部品	・車体機構 ・外装 ・シート ・エンジン本体（ブロック・ヘッドなど ・制動・懸架・操縦（サス・ブレーキなど）	低ー中	低ー中	・高度／複雑な加工を必要としない限り、加工コストの低さが競争優位に直結し日系は不利	カスタム対応などによる付加価値競争力の向上
ADAS/AD・Connected系SW中核部品	・<ADAS/AD>制御系 ・<Connected>HMI系	高	低ー中	・最先端アルゴリズム領域では米国・イスラエルなど優位 ・他領域でもSW人的リソース確保・拡充が重要 ・企業による技術開発とともに規格・法規制整備が必要	大手完成車メーカー・部品メーカーの連携による競争力強化

図1-7　日系自動車部品産業の目指すべき方向性
（出所：ADL）

2017年末に発表された車載電池の領域におけるトヨタとパナソニックの提携はこの好例である。また、この電動化部品の領域は、中国が国家戦略として育成を進めているため、個社の戦略を超えて、日本全体としての戦い方を複眼的に考えていく必要があるだろう。

「すり合わせ型開発」がリスクに

次に、市場の成長性は中程度であるが、日系部品メーカーの競争力が特に高いパワーステアリングやスターターなどのメカトロ系部品や空調などの熱マネージメントシステムの領域については、ドイツメーカーを中心とした欧州勢が導入を始めているモデルベース開発（MBD）と呼ばれる開発プロセスのデジタル化の普及が最大のリスクになる。

MBDの導入により、この領域での日本企業の強みであった「すり合わせ型開発」が差別化につながらなくなるリスクが高まっている。この領域での競争力を維持していくためにも、日本メーカーもMBDの導入を加速させていく必要がある。

逆にこれらデジタル技術の導入のタイミングで大きな差がなくなれば、ツールの使いこなしの面では、元々すり合わせ開発力に優れた日系部品メーカーが競争優位を維持できる可能性は高いだろう。

また、市場の成長性では二つ目のカテゴリーに及ばない成熟領域であるが、日系部品メーカーが一定の競争力を有しているワイヤーハーネスや小型モーター、照明部品、ターボチャージャーなどの吸排気部品やエアバックなどの安全部品については、MBD導入などの開発のデジタル化推進に加えて、システム化対応による単品ビジネスからの脱却を目指していくべきであろう。

ただし、ここで言う「システム化」とは、欧州メーカーが得意とするようなトップダウンでデファクトスタンダード型の製品を提案するという意味ではない。個々の顧客の抱える課題やニーズに合わせて、複数の要素技術や個別部品を柔軟に組み合わせて提供するボトムアップなシステム化を目指すべきである。

このような戦い方は、多くの日系部品メーカーがこれまで実際に行ってきている。その戦い方に磨きをかけることにこそ、日系部品メーカーの活路があるだろう。

一方、市場の成長性と日系メーカーの競争力が共に高くない成型加工を中心とした領域に関しても、前述のようなボトムアップなシステム化提案力を磨くことが重要である。これにより、差別化を求めるOEMのカスタムニーズに少量でも応えられる体制を構築しながら、高付加価値のビジネスの比率を高めていくことが必要となるだろう。

真の競争相手は新規参入組

最後に、高い市場成長率が期待される中で、日系部品メーカーの競争力が必ずしも高くない自動運転やコネクテッド関連部品については、OEMとの連携により地力を高めていくことが必要となる。もう一つの発想としては、競争領域と協調領域の切り分けの中で、むしろその「肝」となる部分を協調領域とすることで開発競争となることを避けていくというアプローチを視野に入れる必要があるだろう。

この点での真の競争相手は、既存の海外の部品メーカーではなく、ITサービスや半導体領域からの新規参入者である。これを考慮すると、同業である海外の部品メーカーと規格策定やビジネスモデル検討の場面などで共同歩調を取りながら進めることも必要になるかもしれない。

実際に、これらの領域で先行していた欧米のティア1サプライヤーが、IT系プレーヤーとの開発競争による投資負担が重荷となり、自動運転関連の部門を分社化する動きが相次いでいる。これらの動きについても今後、日系部品メーカーは注視していく必要がある。

第2章

日系サプライヤーが世界市場で戦うには

日系サプライヤーが世界市場で戦うには

第1章では、CASEトレンドの影響と日系自動車部品メーカーとしての勝ちシナリオを論じた。一方で、世界市場で勝ち抜くには、各地域における完成車メーカー（OEM）とサプライヤーの関係性をひも解き、各地域固有の産業構造とその変化動向を見据えた戦略的ポジショニングの形成が求められる。第2章は、地域別のサプライチェーン構造を欧州と中国を中心に分析する。さらに日系サプライヤーの戦い方を、ケイレツ構造維持の是非にも焦点を当てて考察する。

垂直統合を進めた日本、水平分業を進めた欧州

日本における自動車産業は、産業競争力強化に向けてOEMを頂点としたケイレツによる垂直統合化を進め、OEMの要請や将来ニーズを予測しながらケイレツ会社間で役割分担を行い、部品・車両の競争力を高める戦い方をしてきた。

その最大の利点は、サプライヤーにとって出口となる大口市場が確約されることにある。不確実性を排除し、見通しの立てやすい事業構造の中で、過度にリスクをいとわずに研究開発を進めることで部品産業の競争力は高まり、その部品を活用して車体としての魅力を打ち出すことでOEMも競争力を維持できていた。

一方、海外では必ずしもケイレツによる垂直統合型の産業形成を前提としていない。特に欧州では、顧客構造や産業形成における歴史的な違いもあり、水平分業が進んでいる（**図2-1**）。

欧州ではOEM、ティア1、ティア2サプライヤー間のひも付き関係は緩やかである。OEMの設計する車体コンセプトに対して最適なソリューションを持つティア1サプライヤーが採用され、ティア2サプライヤーもティア1サプライヤーの要望に対して最適な提案ができる

日本	欧州
垂直統合（系列）	水平分業
■ **OEMが部品／システムの仕様を決定**し、戦略グループ内のティア1に割り当てる ■ ティア1は戦略グループ内ティア2からの調達を行い、**OEMの仕様を満たす部品／システム開発を行う**	■ OEMはコストパフォーマンスで優れている部品／システムであれば、**サプライヤーを問わず調達** ■ ティア1はOEM仕様の充足だけでなく、新車両コンセプトにつながる部品／システムの**積極的なソリューション提案を行う**

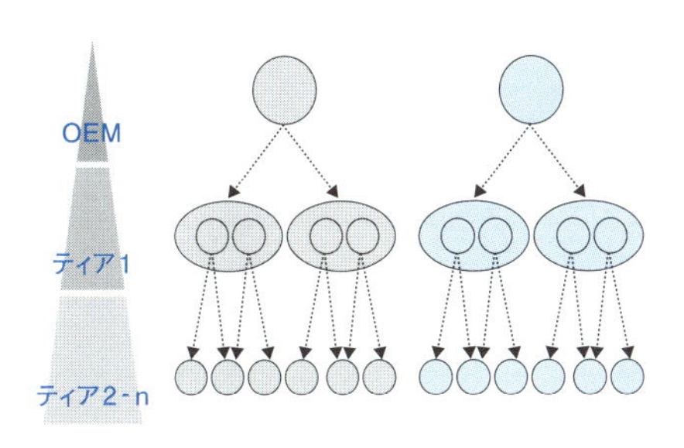

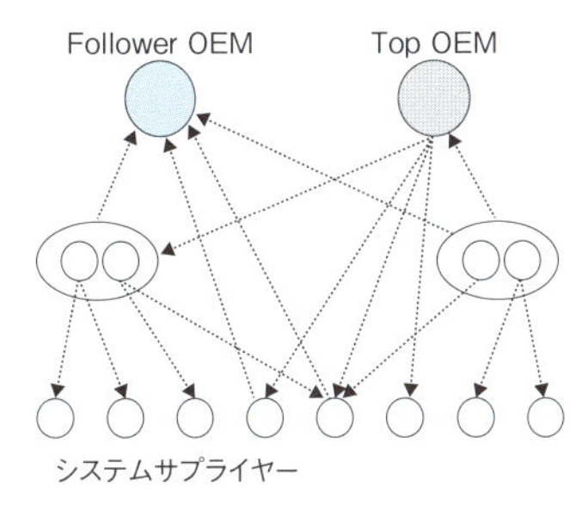

図2-1　日本と欧州におけるOEMとティア1の納入関係
（出所：ADL）

プレーヤーが採用される。

このような産業構造に至った背景には、OEMのシェア構造の違い、OEMの車体開発・調達方針における考え方の違い、ティア1、ティア2サプライヤー勃興の背景の違いが大きく影響している。

地域単位で市場を捕える欧州

OEMの市場構造は、欧州では日本に比べて分散した構造になっている（**図2-2**）。これには、欧州を一つの市場として捉えている点も影響する。各国ごとに見るとOEMのシェア（市場占有率）は日本に近い構造を持つものの、地理的に国が隣接している欧州では、早くから国単位よりも地域単位で市場を捉える傾向が強かった。

それゆえ、欧州市場全体では分散したOEMシェア構造と捉えられてきた（**図2-3**）。OEMのシェア構造が分散している中では、ケイレ

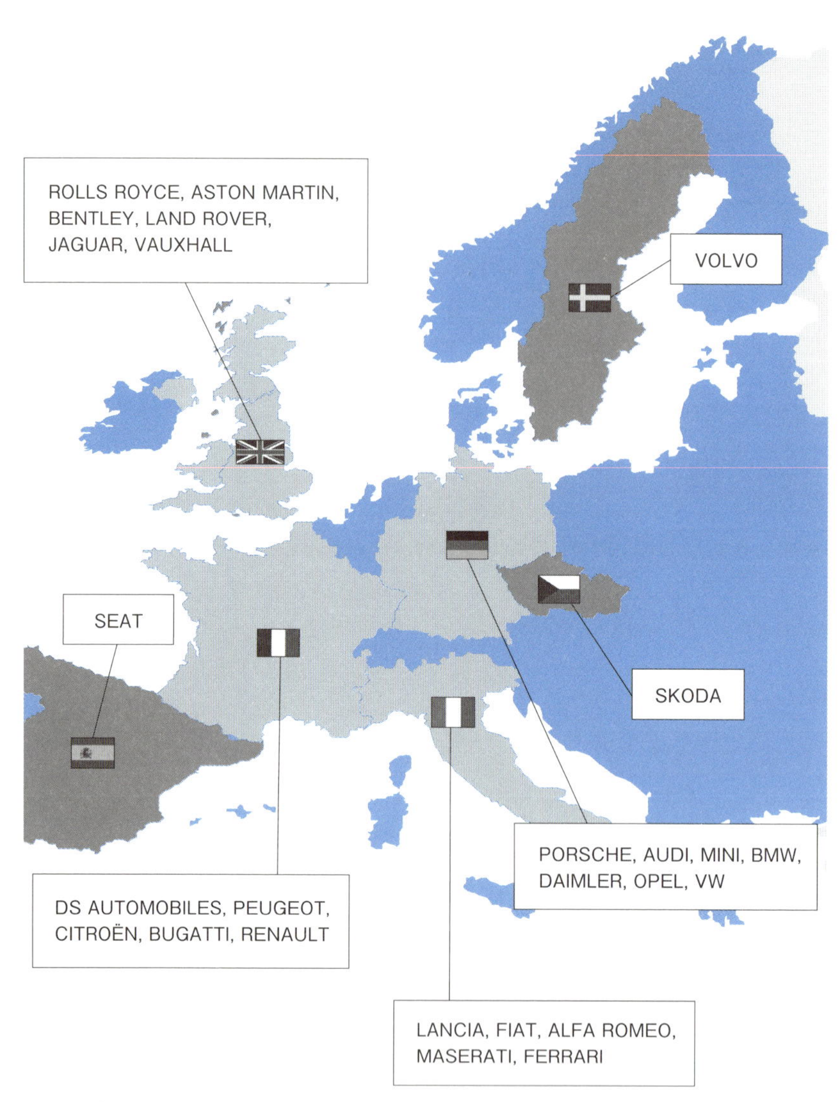

図2-2　欧州におけるOEMの市場構造
（出所ADL）

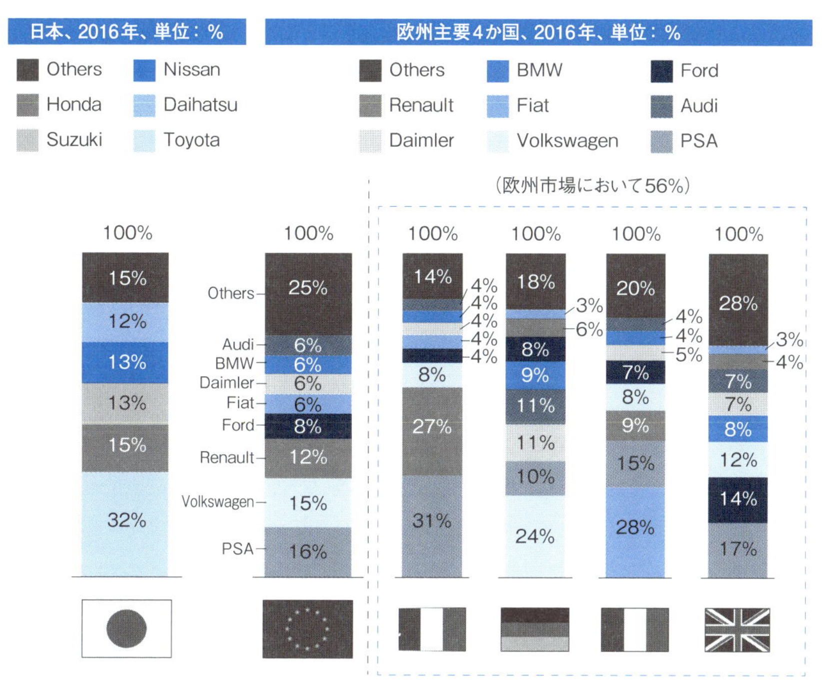

図2-3　日本と欧州におけるOEMのシェア
（出所：ADL）

ツによる垂直統合は、OEMのサプライヤーへの出口の確保に向けた市場集約力が弱く、その利点を発揮しにくくなる。そこで、OEMとサプライヤーともに、ケイレツ構造構築による利点を選ばずに、水平分業構造によりグローバルに競争力を持つ産業構造構築を進めてきた。

また、OEMの車体開発における思想も、日本とは大きく異なる。日本のOEMは、車体のコンセプト設計とその訴求機能においてキーとなるシステム・部品・材料を囲い込むことで差異化を進める。これに対して欧州OEMは、車体のコンセプト設計とその機能発現に向けて、種々の機能を組み合わせる“組み合わせ力”に差異化の源泉がある。機能発現に寄与する部品の囲い込みには傾注しない。それゆえ、水平分業型の調達体制の構築が進んでいるのである。

ティア1、ティア2サプライヤーの台頭の歴史にも違いがある。日本ではOEMがサプライヤーをカーブアウトすることで、自動車部品産業が形成されてきた傾向が強い。一方、欧州ではティア1、ティア2サプライヤーは自動車以外の産業において技術的な強みを形成し、その強みをテコにして自動車部品のサプライヤーとして躍進してきた背景がある。軍需産業や戦後復興の建設需要などでコア技術を磨き、その特徴を生かして独自技術に基づいて市場ポジションを自動車産業で構築してきた。これが、水平分業体制を構築する一因となっている。

欧州における水平分業の進化

こうした要因によって、欧州ではOEMと部品サプライヤーの関係は水平分業型で構築されるに至った。その構造も、自動車産業の進化と合わせて段階的に移り変わっている（**図2-4**）。

1990年以前は、OEMが発売する車種が限られており、機能組み合わせの複雑度も低く、OEMが個別に部品を調達し最適組み合わせを模索していた。1990年以降、徐々に開発車種数が増え、電子制御技術が台頭する中で、組み合わせ開発の複雑度が高まる。その支援に向けてティア1サプライヤーが台頭し、積極的に部品のシステムアップを進め、OEM、ティア1、ティア2という階層構造の形成が進んだ。

この時代では、OEMはティア1の提案するシステムを活用した車両のデザインと販売を進める役割が強くなる。結果として、OEMが差異化の源泉と捉えてきた、車両の機能コンセプト設計と部品の組み合わせによる機能の実現の付加価値が、ティア1サプライヤーに流出し始めた。

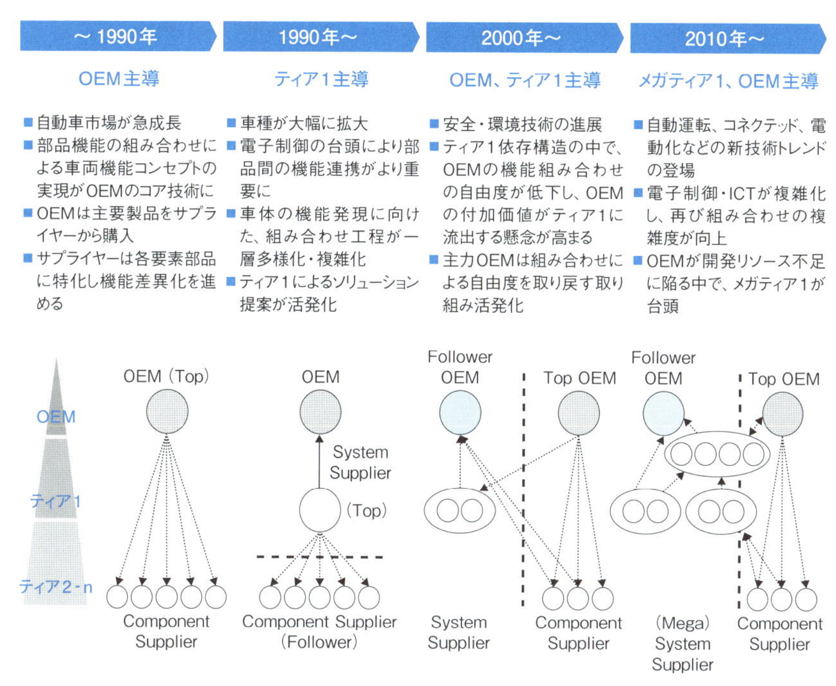

図2-4　欧州におけるOEMとティア1の納入関係の変遷
（出所：ADL）

付加価値がティア１サプライヤーに流出することを懸念した大手OEMは、部品の統合機能の取り戻しを進めた。2000年以降は、大手OEMの注力車種ではOEM自らが部品単位で調達を進め、組み合わせを行なった。一方、大手OEMの非注力車種や中堅OEMでは、ティア１サプライヤーのシステム提案に頼る「共存の体制」が構築された。

2010年以降、コネクテッドや電動化、自動運転など今日のCASEトレンド勃興が進む中で、再び産業構造が転換点を迎える。電子制御やICT技術の活用などOEMの担う開発の複雑度が増大し、その結果、OEMの開発リソースが不足し、再びティア１サプライヤーに頼る構造に移り変わりつつある。

ティア1サプライヤーはさらに部品のシステムアップの範囲を広げ、各種ECU（電子制御ユニット）機能をより上位で統合したシステム提案を進め、「メガティア1サプライヤー」として台頭し始めている。欧州ではドイツのボッシュ（Bosch）やコンチネンタル（Continental）が、自動運転の走行システム全体にまたがりその走行実験データ取得やSW開発を意欲的に進めている。ソフトウエア技術人員の確保に遅れたOEMは、メガティア1サプライヤーに一時的に頼らざるを得ない構造になりつつある。

それでは今後、サプライヤーはどのような進化をたどるか。過去の変遷も捉えると、メガティア1サプライヤー台頭の時代は長くは続かないとみる。短期的にはリソース不足解消のためメガティア1サプライヤーの時代は数年続くが、OEM側でもソフトウエア人材の確保を意欲的に進めている。実際にOEM側がシステム統合の役割を再度取り戻す動きが始まっている。

大手OEMの非注力車種や、中堅OEMの車種では、メガティア1サプライヤーに頼る構造は続くだろう。ただ、大手OEM中心にシステムアップの取り戻しが進み、メガティア1サプライヤーの事業範囲の押し戻しが進むことで、再び共存時代へと戻るだろう。その動きも踏まえると、サプライヤーとして過度にシステムアップを推進することは、事業の収益刈り取り期間の面からも危険性をはらむ。

中国における巧みな産業構造形成の誘導

これまで日本と欧州における垂直統合、水平分業構造の違いをみてきたが、いずれも一長一短がある。OEMがグローバルで高いシェアを維持している場合には、垂直統合の利点を生かしてOEMと部品産業がともに発展できる。その強みを生かして、さらにOEMと部品産業がともにグローバルにビジネスを展開することで、両者が成長し世界市場で躍進できるだろう。

一方、OEMのシェアがグローバル市場の中で相対的に低いと、そのケイレツの部品産業の競争力も弱まるため、水平分業体制による部品産業の強化を推し進めなければ生き残れない。

この点をいち早く見抜いた中国は、巧みな産業構造形成を進めている。地場OEMを国策誘導によって主力OEMへと統合を進めて、その傘下に緩やかにティア1、ティア2サプライヤーを配置する。また、ケイレツ構造モデルの構築を進めるとともに、ティア1、ティア2サプライヤーの統廃合・再編を進める。その一方で、水平分業型による産業構造構築も進め、垂直と水平のハイブリッド式の産業構造を実現しつつある（図2-5）。

この背景には、中国ならではのOEM構造の違いも大きく影響して

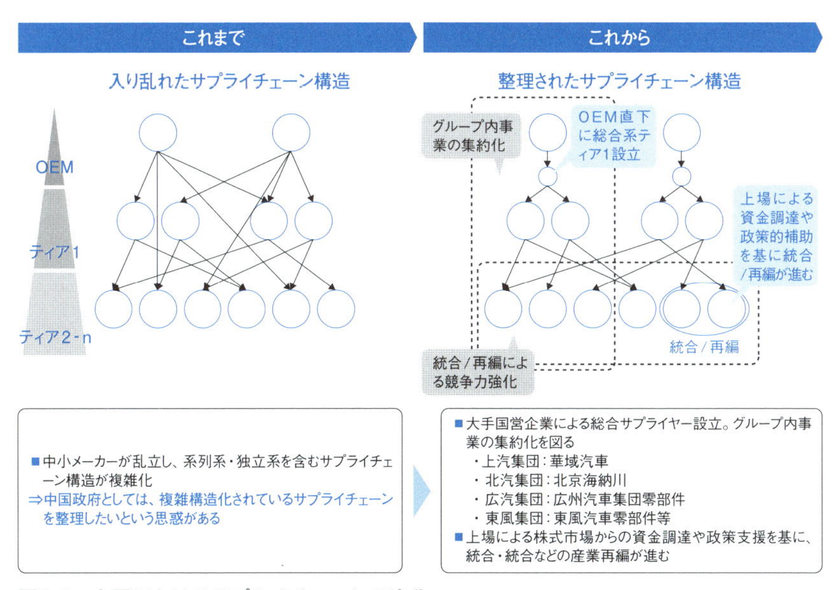

図2-5　中国におけるサプライチェーンの変化
（出所：各種二次情報を基にADL分析）

いる。中国では地場OEMの育成が進む一方で、欧米OEMを中心に現地合弁会社を設立し、外資OEMも市場のキープレーヤーとなっている。地場のOEMだけをみるのであれば、強引にケイレツ構築による垂直統合構造を推し進める考えもある。しかし、外資OEMに対する部品産業の育成も踏まえると、水平構造の構築も同時並行で進めなければならない。そのために、水平分業構築も加速するためのサプライヤーによるM&Aが積極的に進んでいる（**図2-6**）。

実際にこの取り組みにより、外資OEMからグローバルサプライヤーとして認定される有力ティア1、ティア2サプライヤーが台頭し、外資系ティア1、ティア2サプライヤーとの間で競争環境が苛烈化しつつある。現時点では、中国系部品メーカーは、アッセンブリ技術による低コスト優位性が強みとなっているが、ノンコア部品領域で競争

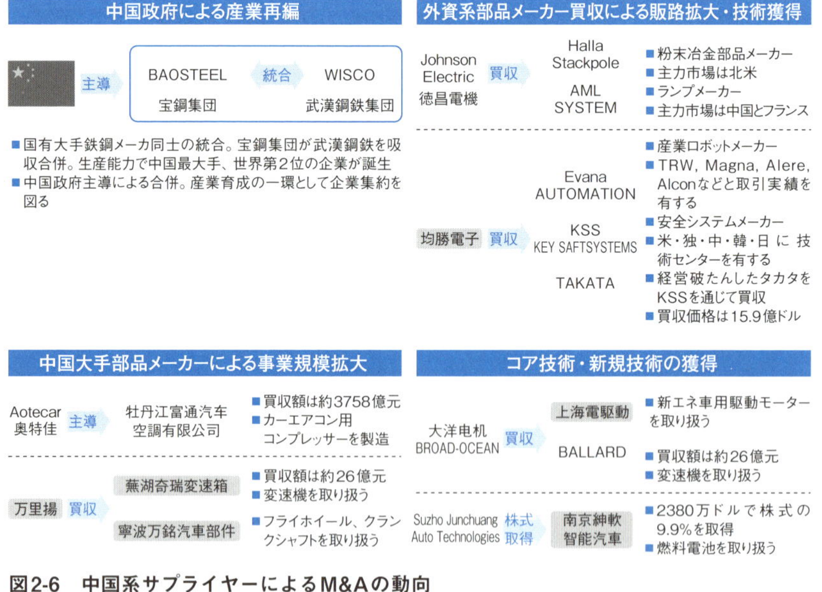

図2-6　中国系サプライヤーによるM&Aの動向
（出所：各種二次情報を基にADL分析）

優位を持つにとどまる（**図2-7**）。

ただし近い将来、さらなるM&A（企業の合併・買収）による技術統合の加速や、垂直統合の利点を生かしたコア技術の研さんにより、コア部品も含めて水平分業体制の中でも競争力を持ち始めることが予想される。そのため、中国市場における外資OEM向けの部品事業の苛烈化は一層進むだろう（**図2-8**）。

また中国の地場OEMに向けては垂直統合を推し進めることで、外資サプライヤーの参入の間口を狭めることにもつながる。中国市場での外資サプライヤーの戦い方のかじ取りは、より一層混迷を深めつつある。

日系サプライヤーとしての戦い方

各地域で部品産業の構造は異なるものの、他国のケイレツ構造に割って入る難しさも踏まえると、日系部品サプライヤーにとってグ

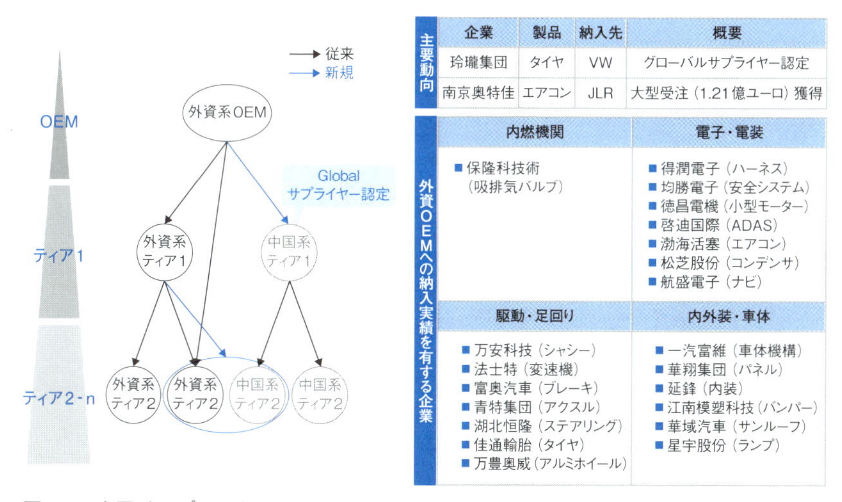

図2-7　中国系サプライヤーによる外資系OEMへの納入状況
（出所：各種二次情報を基にADL分析）

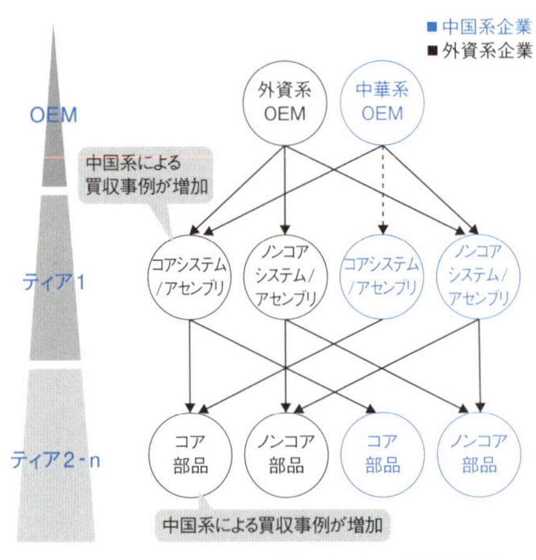

【OEM】

■コアシステムは外資系ティア1、ノンコアシステムはコスト優位性を有するところから国籍を問わず調達する
■中国系によるコア技術買収や品質向上に伴い、中国系ティア1からの調達比率が増加

【ティア1】

■外資系ティア1は自身でコア技術を有するため、品質に劣る中国系ティア2下位層からの部品調達でも、競争力を有するコアシステムを提供することができる
■中国系ティア1は自身でコア技術を有しておらず、ティア2以下層からコア技術を購入し、アセンブリすることでコアシステムの提供を行っている。そのため、個別ユニットにおける競争力を有するケースはあるが、全体システムにおける競争力は低い

【ティア2-n】

■ノンコア領域においては、品質向上に伴い、コスト優位性を有する中国系ティア2以下層のプレゼンスが向上
■コア領域は依然として外資系が市場を占めている

図2-8　中国における自動車部品の供給構造
（出所：ADL）

ローバル市場で戦うには、水平分業の中でも明確な優位性を訴求することが重要となる。そのためには、自社の市場における競争領域を明確に定義し、技術基盤、生産基盤の強化を進めることが重要と考える。

その際、必ずしもメガティア1、ティア1サプライヤーのような一見花形に見えるシステムアップの方向へと進むだけが最適解とは限らない。競争領域の中で、CASEトレンドも踏まえた差異化の方向性を定義したうえで、個別部品事業の範囲の中で基盤強化を進め、ティア1、ティア2プレーヤーとして確たるプレゼンスを確保することも有効である。

ケイレツ型の垂直統合構造にいるサプライヤーは、その恩恵を最大限に生かしながらグローバル水平分業構造の中でも戦い抜くために、自社のコアコンピタンスを定義し意識的に高め、部品サプライヤーとしてグローバル市場でプレゼンスを高めていくことが重要である。

ケイレツ構造の中で閉じたビジネスを行うことは、OEMのシェアがグローバルで20～30％あれば成立するかもしれない。しかしグローバル市場でみると、OEMのシェアが分散化している現状では成立しないだろう。ケイレツによる垂直統合のメリットを生かしながら水平分業の中で戦う力を一層高め、その恩恵をケイレツの中に還流させる戦略的取り組みが重要になる。

コア技術、準コア技術を色分けしながら、ケイレツの中で比較的閉じられた技術インキュベーションを推し進めコア技術の研さんを進めるものと、準コア技術としてグローバル市場でオープンに展開するバランスをとっていくことが重要になるだろう。また、準コア技術を標準品として売り切るのではなく、各社のニーズに合わせたカスタマイゼーションにより、プロダクト価値を高めつつ、容易にカスタマイズに対応可能な技術、部品単位でのモジュール化の考え方も持つべきである。

水平分業構造にいるサプライヤーも基本戦略として、コア領域の定義が重要なのは前述のとおりである。技術レベルでコアとなるものを磨きつつ、各社に合わせて容易にカスタマイズを進めるためのモジュラー化を進めていくべきだろう。

第3章

日系サプライヤーが世界市場で勝ち抜く方法

日系サプライヤーが世界市場で勝ち抜く方法

第1章と第2章で考察したCASEトレンドのインパクト、および世界市場での戦い方を踏まえると、多くの日系自動車メーカー（OEM）は、経営上の重要な転換点に立たされている。第3章では、CASE時代に世界市場で勝ち抜くためにサプライヤーが抱える経営課題を体系的に整理し、その解決の糸口を探る。

日系サプライヤーの経営課題

まず、日系サプライヤーの置かれた競争環境の変化を踏まえた競争要件と経営課題をみていく。第2章までで示したように、電動パワートレーン部品では市場が形成期にあり、サプライヤーとしては投資負担リスクの軽減に向けて、顧客との共同投資や長期供給契約による密接な連携が重要となる（**図3-1**）。

また電動化というと「部品の標準化・組み合わせ部材への落ち込み」の印象を持たれるケースが多い。一方で、限られた車体スペースでOEM独自の走行性能を実現するためには、各社の要求仕様に応じた機能の最適化が求められる。特に大口顧客の注力車種では、すり合わせ開発がカギとなる。

小口顧客や非注力車種を中心に汎用部品として戦う道も残されるが、日系サプライヤーの強みを踏まえると、大口顧客の注力車種への食い込みに向けたすり合わせ開発体制の構築と効率化が重要となる。

メカトロ・熱マネジメント部品では機械設計技術に加えて、制御技術や熱マネジメント技術、EMC（電磁両立性）対応技術など広範な設計要件を、OEMごとの要求に応じて最適化することが求められる。例えばモーターの場合、ベアリングにおいて摺動部品としての摩擦低減のみならず、電磁波ノイズ対応や熱膨張による損失回避に向けた放

	競争環境の変化	日系サプライヤーに求められる競争要件		直面する経営課題
CASE時代での戦い方	■消滅する部品もあるがメカトロ部品を中心に世界の部品市場は成長 ■部品メーカーの事業領域としてモビリティーサービスソリューション・車両システムインテグレータ、キーモジュール、キーデバイスサプライヤーの立ち位置が勃興 ■日系企業は技術的に複雑×すり合わせが必要な部品でこそ強みを持ち、その強みを活かして戦うべき	電動パワートレーン部品	■低コスト化に向けた量産体制確立 ■個社カスタマイズ	■投資負担軽減、調達力強化 ■すり合わせ開発の効率化
		メカトロ・熱マネージメント部品	■機械、制御、熱設計、EMC対応など複雑設計要件対応 ■個社カスタマイズ	■複雑な開発プロセスの効率化 ■要素技術の効率的な獲得 ■すり合わせ開発の効率化
		電機・電子／機構部品	■システム・ソリューション提案・開発力	■社内ビジネスユニット間での連携強化 ■要素技術の効率的な獲得
		成型加工部品	■独自成型加工技術、生産プロセスの研鑽 ■個社カスタマイズ	■競合に比較優位なコンピタンス形成 ■すり合わせ開発の効率化
		ADAS/AD/コネクテッド系SW部品	■個社の完成車コンセプトに合わせた的確な機能提案 ■多岐にわたる技術範囲のカバー	■エンドユーザー、完成車メーカーの要求機能の把握（すり合わせ開発） ■要素技術の効率的な獲得
世界市場での戦い方	■国内市場が頭打ちになる中で世界市場への展開はこれまで以上に重要に ■世界市場では、水平分業化、垂直＋水平のハイブリッド化により、地場のプレーヤーの商品競争力が鍛えられつつある ■OEMのシェアは世界的にみると分散し、ケイレツ依存のみでは生き残れない ■世界市場で戦うにはコア技術・商品を定義しつつ、価値最大化を進めるべき（標準化よりも、個社適合が日系企業の勝ち筋）	ケイレツ系	■コア技術に基づく独自性強化によるケイレツ内でのポジション確保 ■準コア技術の面展開による機能と価格バランスの確保 ■個社カスタマイズ	■コア技術と準コア技術の切り分け ■コア技術のケイレツ内での研ぎ澄まし ■すり合わせ開発の効率化 ■顧客選択と多極生産体制強化 ■コア技術、準コア技術の位置づけ変化に合わせた戦い方の柔軟な変更
		非ケイレツ系	■コア技術に基づく独自性のある機能を提供 ■個社カスタマイズ	■コア技術の明確化と研ぎ澄まし ■すり合わせ開発の効率化 ■顧客選択と多極生産体制構築

図3-1　日系サプライヤーに求められる競争要件と経営課題
（出所：ADL）

熱経路設計などを統合的に判断した最適設計が必要となる。

勝ち残りには、複雑な開発プロセスを効率的にマネジメントしつつ、要素技術を効率的に獲得し、すり合わせ開発に対応していくことが重要となる。

OEMとの密接な連携が重要

電機・電子／機構部品では、日系サプライヤーの複雑部品における強みを踏まえると、事業のレイヤーアップによりシステム化した商材で競争優位を構築することが重要となる。単体の表示・操作デバイスからデジタルコックピットとしての機能拡張はその一例といえるだろう。その実現には事業部門の垣根を越えて、システムの企画・開発を進めていくことが必要となる。

成型加工部品では、価格競争に過度に巻き込まれないために、独自の加工技術・生産プロセス技術を確立し受託加工に落ち込まない立ち位置の形成が重要となる。そのためには、自社の事業分野を明確に定義し、競合に対して比較優位なコンピタンスを形成していくことが必要となる。加えて、顧客の設計要求に応じるために生産プロセスに柔軟性を持たせることや、生産効率を損なわないために顧客要望を満たす最適設計の提案まで踏み込む密接な連携体制の構築も重要となる。

ADAS/AD/コネクテッド系ソフトウエア（SW）では、OEMごとの車両コンセプトに合わせた最適な機能提案とともに、多岐にわたる技術をカバーすることが求められる。エンドユーザーやOEMの要望を的確につかむための密接な連携体制の構築やマーケティング機能の強化に加えて、要素技術を効率的に獲得していくための取り組みが必要となる。

また、ケイレツ系と非ケイレツ系の立ち位置の違いの面でも経営課題にやや違いが生じてくる。

ケイレツ系はケイレツ内で閉じて活用するコア技術と、世界市場でオープンに展開する準コア技術を区分けしながら、前者はケイレツ内での役割を踏まえた技術の徹底した研ぎ澄まし、後者は準コア技術の研さんに加えて多様なOEMごとの設計要求にカスタマイズ対応していくための擦り合わせ開発体制や生産体制の効率化に取り組まねばならない。さらに、ケイレツ内で閉じて活用するコア技術としていたものも、オープンに展開する準コア技術へとシフトしていくことがあるため、技術あるいはその技術をもとに形作られる製品の事業ユニットごとに、事業環境や役割の変化に応じて戦い方を柔軟に変えていくことが求められる。

一方、非ケイレツ系は、競合に比較優位を持つコア技術領域を定めて徹底的に磨き込み、OEMにとって魅力的な機能提案を行いつつ、多様なOEMごとの設計要求変更に応じるすり合わせ開発体制の効率化を進めていくことが重要となる。また、多様なOEMへのニーズに応えるばかりでなく、顧客がグローバル市場で多様化する中で、的確な顧客選定、営業戦略構築および生産体制の見直しを進めグローバル市場で戦うため事業基盤を形成していくことが、ケイレツ系以上に重要になる。

経営課題の解決に向けた７大アクション

これらの事業分野における経営課題を踏まえると、その解決に向けて取るべきアクションは大きく分けて7つある。以下その内容を見ていく（**図3-2**）。

＜グローバル・プロジェクト・マネージメント体制の確立＞

第1は現地ニーズ対応に向けた「グローバル・プロジェクト・マネージメント体制の確立と企画・開発機能の移管」である。これは、迅速に企画・開発することで市場機会を逃さないことにつながる。

特にすり合わせ開発が求められる、電動化部品やメカトロ・熱マネジメント部品、ADAS/AD/コネクテッド系SW部品で重要な取り組

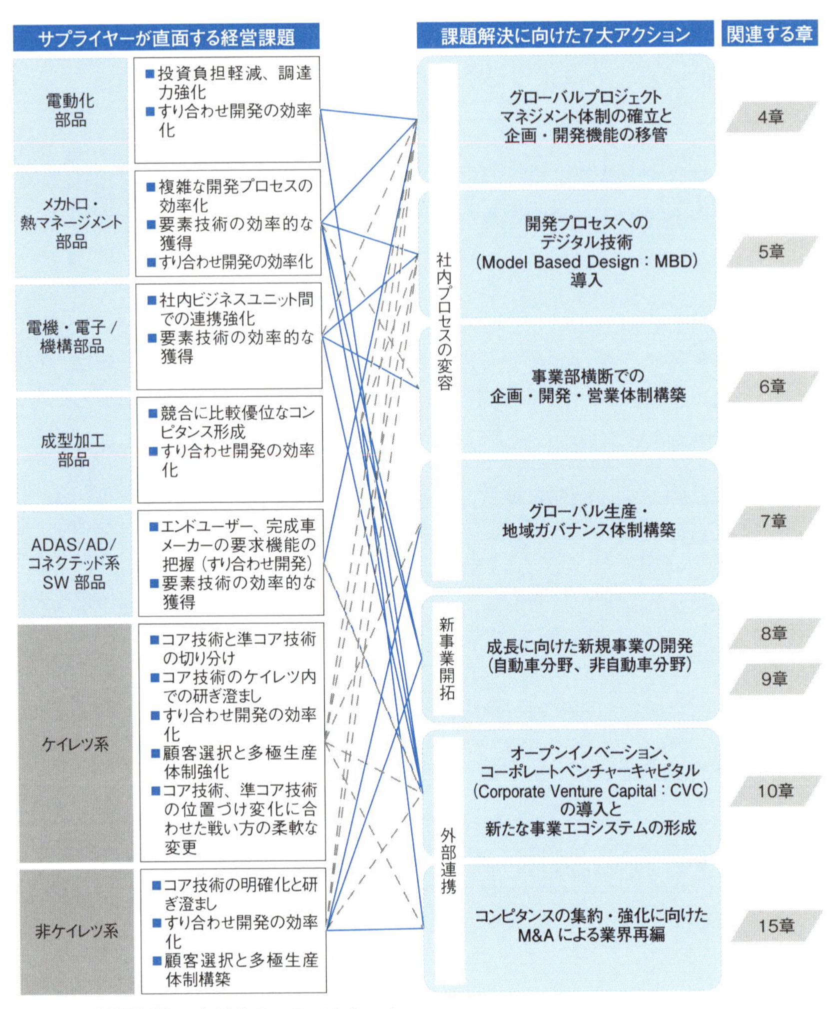

図3-2　課題解決に向けた7つのアクション
（出所：ADL）

みとなる。市場ニーズの変化は必ずしも国内市場が最先端ではないし、またそのニーズがグローバルのニーズと共通するとも限らない。

むしろ日本の市場の方がグローバルでみると特殊であるケースが多

い。例えば、電動化であれば欧州OEMや米系新興OEMが先んじているし、求める走行距離や出力、充電特性やその規格も異なる。

日系サプライヤーは世界各地に研究開発センターを配置し各地のニーズに対応しているように見えるが、開発・投資の最終意思決定は国内本社が行うことが大半であり、実態としては顧客要求への対応スピードや、対応範囲が十分とは言えないだろう。

＜デジタル技術で開発プロセスを加速＞

第2は、「開発プロセスへのデジタル技術（Model Based Design：MBD）」の導入である。開発プロセスが複雑になりがちなメカトロ・熱マネジメント部品、電機・電子/機構部品で重要となる。

設計・開発の負担を減らすため、特に欧州では先んじてMBDの導入が進んでおり、自社内のみならず、川下や川上のプレーヤーとも情報共有が進んでいる。開発情報がデジタル化され、情報の相互共有が容易になることは、サプライヤーから見るとスイッチングリスクを高めるという見方もあるが、新たに参入の間口が広がるという見方もできる。オープンな競争環境の中で効率的に開発を進めつつ、コア技術を磨き込むことで独自ポジションを形成していく戦い方を志向すべきだろう。

＜事業部を横断した体制の構築＞

第3は、システム・ソリューション開発に向けた「事業部横断での企画・開発・営業体制の構築」である。特に、今後付加価値の取り込みに向けてレイヤーアップが進む電機・電子/機構部品で重要となる。

従来の縦割りの事業部レポートラインに加えて、事業部を横断したソリューションチームを構築する取り組みを行うには、KPI（Key Performance Indicator）の的確な設計などソリューションチームを機能させるための仕掛けと合わせて取り組みを加速させていく必要がある。なおKPIとは、企業の目標達成度を評価するための主要な業績評価指標のことである。

<グローバル生産・地域ガバナンス体制構築>

第4には、多極展開における「グローバル生産・地域ガバナンス体制構築」がカギとなる。グローバルに営業の兵站が伸び切る中で、営業成果重視の攻めの経営を続けると売り上げこそ拡大するものの、生産体制が伴っていないことに起因して利益が減少することにもなりかねない。戦略的に利益を犠牲にしてでも売上拡大を狙うことは市場プレゼンスの獲得面では有効だが、中長期的に利益を生み出す事業体制を構築するには、グローバル生産・地域ガバナンスの在り方の見直しが重要となる。

<成長に向けた新規事業の開発>

第5は、「成長に向けた新規事業の開発」である。対象部品の消失リスクを負うメカトロ・熱マネジメント部品や成形加工部品のほかに、非ケイレツ系の中で事業ビジョンの再定義が必要となる企業で特に重要な取り組みとなる。

これらの分野では勝ち残りに向けて、自社のコンピタンスを活用しながら、自動車部品産業の中でのポジションの変更や非自動車産業に事業の裾野を広げ、事業収益を安定化させていく必要がある。

<オープンイノベーションやCVCの導入と新たな事業エコシステムの形成>

第6は「オープンイノベーション、コーポレートベンチャーキャピタル（Corporate Venture Capital：CVC）の導入と新たな事業エコシステムの形成」である。

社外から新たなシーズを獲得していくことは、必要技術範囲が多岐にわたるメカトロ・熱マネジメント部品、電機・電子/機構部品、ADAS/AD/コネクテッド系ソフトウエア部品で重要となる。要素技術は大手のサプライヤーであっても必ずしも最先端とは限らない。むしろ大手サプライヤーは、顧客要望に合わせたエンジニアリングを行う側面が強いため、要素技術では大学やベンチャーなどに後塵を拝していることが散見される。日系サプライヤーも自前主義から徐々に脱却しつつあるが、さらにオープンイノベーションやCVCの利活用を進め、自社のコア技術とノンコア技術を見極めながら、効率的に技術開発を推し進めていくべきだろう。

また、新たなエコシステム形成はあらゆる事業領域で求められるが、中でも市場の形成途上にありながら急速に発展しつつある電動パワートレーン部品事業で重要となる。電動車市場は急速に立ち上がりつつあり、その対応に向けてサプライヤーも膨大な投資が求められている。しかし受注が不確実な中で、大規模な投資に踏み切ることはリスクが大きい。その結果、段階的にしか市場形成も進まないという問題を抱える。

そのため、OEMとの連携体制を高め、共同出資や長期供給契約を構築していくことが必要だろう。また川下企業との連携のみならず、川上企業に対しても同様のことが当てはまる。例えば素材メーカーに対して、いたずらに購入価格を買いたたくのではなく、安定供給・低コスト生産に向けて投資を促すための仕組みづくりを進めるべきだろう。

＜M&Aによる業界再編＞

最後に、「コンピタンスの集約・強化に向けたM&A（企業の合併・

買収）による業界再編」を挙げたい。勝ち残りに向けてコンピタンスの集約が求められる成形加工部品や非ケイレツ系企業で重要になる。

事業者側で再編を推し進める力が不足している業界であれば、投資ファンド（Equity Fund）の力を活用して業界再編を推し進め、有力プレーヤーの育成や産業の活性化を図ることも有効な選択である。

以上、サプライヤーが抱える経営課題を体系的に整理し、進化の取り組みの方向性の大枠を示した。次章以降は、それぞれの取り組みに対する具体的なアプローチについて、事例を交えて紹介していく。

第2部

勝ち残りのための
7つの実践的アプローチ

第4章

世界を見据えたR&D体制とプロジェクト管理

世界を見据えたR&D体制とプロジェクト管理

第3章では、CASE時代に世界市場で勝ち抜くために日系部品サプライヤー（日系サプライヤー）が抱える経営課題を体系的に整理し、その解決の糸口を探った。本章では、日系サプライヤーのR&D体制の成り立ちとCASEトレンド踏まえて、今後求められる変化とそこで重要になるプロジェクトマネジメントの在り方について、現状の課題と今後の方向性を探る。

サプライヤーのR&D体制の成り立ち

まず、日系サプライヤーのこれまでのR&D体制を欧米系と比較してみる。これまで、基本的に完成車メーカー（OEM）をピラミッドの頂点にした系列（垂直統合）関係の中で仕事をしていたため、日系サプライヤーはOEMが決めた仕様を設計/製造することを主としてきた。

これは、日本の自動車産業がOEMのイニシアチブで成長してきた中で築かれた関係性の特徴だ。この体制でサプライヤーに要求される能力は、OEMの仕様を低コストで設計/製造する能力と、OEMの日程変更に着実に対応する能力である（**図4-1**）。

一方、欧米系サプライヤーのR&D体制の特徴は、OEMと対等な関係の中で自らシステム/部品提案を実施し、それを認めさせることで、OEMとの双方向の開発プロセスの中で自社製品を開発する関係性になっている。この関係性では、システム/部品の提案力や新技術の開発能力が要求される。

特定のOEMとの関係を中心に活動してきた日系サプライヤーは、重要な開発を基本的に日本国内の自社拠点で実施してきた。日系OEM各社がこれまで日本国内で主な開発業務のほとんどを実施して

		日系サプライヤー	欧米系サプライヤー
OEMからの期待値	OEMとの連携	■OEMが仕様を提示に対し、サプライヤーは部品の成立性検討を実施（仕様は部品の目標値の場合が多い） ■システムの成立性はOEMが検討	■OEMと仕様の妥当性を論議し、合意した仕様に対しサプライヤーとして部品含めシステムで提案（車両システムとしての要求値の提示が多い） ■OEMでもシステム成立性を検討するが、サプライヤーも独自に検討
	OEMから要求される能力	■OEMの日程変更などに即座に適応できる対応力 ■「低コスト化」という意味での技術力	■「システム提案力、性能追求」という意味での技術力
サプライヤー内の体制	組織体制	■R&D、生産、調達といった機能軸が強い体制	■事業部内に各機能が集結している事業軸が強い組織（各機能の事業を跨いだ連携は弱い）
	開発拠点毎の役割	■基本的に日本で研究・先行開発から量産開発の重要パートまで実施。海外はOEM窓口と難易度の低いアプリケーション開発	■研究・先行開発は、本国及び最先端の技術開発・人材が集まる地域で実施傾向 ■量産開発は本国で開発した製品ベースに各地域拠点で適応開発を実施
	先行開発／量産の人員割合	■基本的に量産側に手厚く人員を割く体制 ■先行開発はOEMと共同で実施のケースが多い	■自社の技術ロードマップに沿って開発するため、相応の人員を先行開発に配置

図4-1　日系サプライヤーと欧米系サプライヤーの比較
（出所：ADL）

きたため、物理的な距離を含め重要な関連性の中では必然であった。また、組織ではOEMの各機能（R&Dや生産、購買など）とのリレーション（プロセスやヒト）が重要視されるため、機能軸を中心とした体制となっていた。

これに対して欧米系サプライヤーは、サプライヤー自身が開発を主導しているため、OEMの開発場所への近接性を日系サプライヤーほど必要としない。各社の事業目的に最適化されたR&Dの地域体制となっている（例えば、ドイツ勢などがソフトウエアの開発拠点をインドに集約しているなど）。

このように、過去のOEMとの関係性から日系と欧州系ではR&Dの体制が大きく異なること分かる。それでは、CASEを含めた新技術潮流の中で今後、日系サプライヤーはどのようなR&D体制を整えるべきなのだろうか。

CASE時代に求められるR&D体制の変化

CASE時代に日系サプライヤーに求められるR&D体制の変化の方向性は、大きく6つに分類できる。以下、それぞれの方向性を詳しく見ていく（図4-2）。

① 長期技術戦略策定部門の強化

今後、ケイレツ/非ケイレツを問わず、OEMからはシステム提案が要求される。特にケイレツ系ではこれまで、技術企画や商品企画の役割をOEMに依存していた面がある。システム提案をするための技術/商品企画能力の向上は必須となるため、R&D部門内において将

電動化部品	■低コスト化に向けた量産体制確立 ■個社カスタマイズ
メカトロ・熱マネージメント部品	■機械、制御、熱設計、EMC対応など複雑設計要件対応 ■個社カスタマイズ
電機・電子/機構部品	■システム・ソリューション提案・開発力
成型加工部品	■独自成型加工技術、生産プロセスの研さん ■個社カスタマイズ
ADAS/AD/Connencted系SW部品	■個社の完成車コンセプトに合わせた的確な機能提案 ■多岐にわたる技術範囲のカバー
ケイレツ系	■コア技術に基づく独自性強化によるケイレツ内でのポジション確保 ■準コア技術の面展開による機能と価格バランスの確保 ■個社カスタマイズ
非ケイレツ系	■コア技術に基づく独自性のある機能を提供 ■個社カスタマイズ

図4-2　CASE時代におけるR&D体制の方向性
（出所：ADL）

来動向の予測を含め長期の技術戦略を策定する部門を強化する必要がある。

② CTOを中心とした新技術開発組織の強化

独自で新技術の構築が必要になるため、先行開発アイテムの充足や有望技術の発掘が不可欠となる。そのため、トップマネージメントを担うCTO（最高技術責任者）自らがコミットし、CTOを中心とした新技術を開発する組織を強化する必要もある。この時、CTOには技術の目利きの役割だけでなく、自らが新たな新技術の種を探すような行動も求められるだろう。

③ 先端技術・人材の獲得を企図したR&D拠点の配置

これまで部品単体の設計が中心であった日系サプライヤーにとって

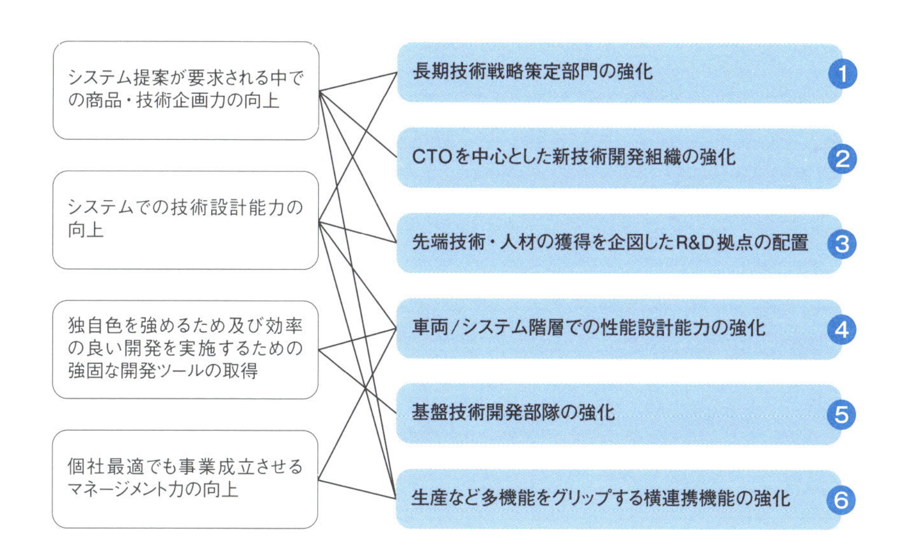

は、その技術開発能力の向上も必要になる。この技術開発力を向上させるには、日本に閉じたR&D体制ではなく、取り組む技術が最も進んでいる地域、もしくはその技術進化が最も進むことが期待される地域で開発することが、人材獲得という側面も含め最も開発能力を短期間で向上させる一つの有効策となる。

④ 車両/システム階層での性能設計能力の強化

システム設計能力を向上させるために技術面で重要となるのが、車両/システム階層での性能設計である。ここでの性能設計は、OEMのように全ての性能を設計できるようにすることではなく、自身のシステムが関与する車両性能とシステムのパラメータの関係性を示した上でOEMにシステム提案する能力を指す。

⑤ 基盤技術開発部隊の強化

性能開発を可能にするためには、強固な開発ツールを活用した効率的な開発活動が必要になる。これは、ソフトウエア開発で使っているソフトや規格がOEMのビジネスを獲得する上でのエントリーチケットになりつつあるという点と、車両/性能軸での性能設計を実施しようとするとMBD（モデルベース開発）など昨今のトレンドとなっている開発アプローチを適用する必要があるためである。そのため、社内でこれらの基盤技術に対するノウハウを構築する基盤技術開発部隊の強化が必要である。

⑥ 生産など多機能をグリップする横連携機能の強化

最後に、OEM各社ごとの最適システムを設計する場合でも、事業として成立させるためのR&D体制作りが必要だ。これまでのシステム販売は、欧米に代表されるようなデファクトスタンダードを基本とするビジネスである。一方、今後のCASE時代では、システムとしての個別最適を実現することが差別化要因になり、競争力につながる。

加えて、このような個別最適化したシステムをより低コストで実現するためのR&D体制が求められる。ここでいう低コスト化は、部品仕様を落とすような原価低減による活動ではなく、設計の初期段階から生産や購買と連携して生産設備を更新することで部品コスト低減を実現するといった、開発プロセスや体制上の工夫を伴う本質的な設計/生産改善による低コスト化のことである。

これまで述べてきた6つの方向性については、一部の日系サプライヤーは既に取り組みを始めている。もちろん、製品ポートフォリオなどはOEMごとに異なるため、全てのサプライヤーがこの6つに取り組む必要は必ずしもない。ただ、これらを推し進めることが、日系サプライヤーがCASE時代に競争力を維持・向上してくための有効な一手となるだろう。

プロジェクトマネージメントの重要性の高まり

これまで述べてきたR&D体制の変化の中で、日系サプライヤーにとってカギとなるのがプロジェクトマネージメントである。対外/対内ともに複雑なマネージメント課題を解く必要が高まっていく。

現状の課題をプロジェクト受注前と本開発、および対社内と対OEMの２軸で整理してみた。これを見ると現状の日系サプライヤーの課題は、各機能軸の縦割り機能が強くなりすぎ、横断的に成立性を判断する役割の人が現場レベルにいないことである（**図4-3**）。

特に、直近の開発ではよりソフトウエアの重要性が高くなり、メカトロニクスとしての成立性を見極める必要がある。しかし現実には、判断サイクルの高速化やOEMに対する設計変更時の開発分担や費用の取り決めが甘く、日系サプライヤーの負担が増加しているケースが頻発しているように見受けられる。

このような開発が頻発すると、結果として会社の収益を圧迫し、開発投資を削らざるを得ないなど、長期的な視点に立つと日系サプライヤーの競争力を弱めることになってしまう。また、これまでの取引実績を重視するあまり、OEMからの要求に対して現状の社内技術では技術・事業的に要件を満たせない場合でも、詳細に検証することなく見切り発車してしまうケースが散見している。

このため、プロジェクトが始まってからQCD（Quality、Cost、Delivery）の折り合いがつかず、車両の立ち上がり直前まで開発の時間や膨大な工数がかかり、結果として会社の収益を圧迫してしまう例も見られる。

	プロジェクト開発：プロジェクト受注活動	プロジェクト開発：本開発
社内	・重点顧客やプロジェクトが会社として決まっていない	・開発の最終決済が役員の場合が多いことに起因する判断サイクルの遅れ
社内	・プロジェクトを獲得する判断基準があいまいで、関係性のみを重視しプロジェクトを受注してしまう	・機能横断での責任者権限が弱いことによる機能間の連携不足によって、設計変更が発生してしまう
社内	・案件を取る上での初期検討が、技術・事業観点ともに見積もり精度が粗い	・機能横断機能が弱い結果として、機能間での会議が多い。また、互いのKPIを優先するため、結論を出すまでに時間がかかる
対OEM	・現場に事業判断できる責任者がおらず、役員案件にあることによる判断サイクルの遅れ	・設計完了後の設計変更要望やOEM要因の設計変更にも逐次対応が必要なため、想定外の工数が膨大にかかる

プロジェクトマネージメントへの要求

- 技術検討/事業性検討のフロントローディングの促進
- 現場の責任者が判断することによるPDCAサイクルの高速化
- 現場レベルでQCDに責任を持つことによる健全な機能間でのタスク分担
- 機能横断での検討精度の向上のための強力なファシリテーション
- OEM向けの突発業務を削減するためのOEMとの交渉

図4-3　現状のプロジェクトマネージメントの課題
（出所：ADL分析）

日系と欧米系のプロジェクトマネージメント体制の違い

ここで日系サプライヤーと欧米系自動車サプライヤーのプロジェクトマネージメント体制の違いを見てみる。プロジェクトマネージャー（PM）と各組織機能の関係性を整理すると、大きく4つのタイプに分類できる（**図4-4**）。

もっとも、PMの権限が強いタイプ4では、基本的に各機能をPMの元に置き、レポートラインもPMのみというプロジェクトの全権をPMに集めた体制を採用している。一方、タイプ1では、各機能内にプロジェクトマネージメントという位置付けの担当がいるが、主には日程管理や機能軸間の調整業務などの雑務がメイン業務となるような業務体制となる。

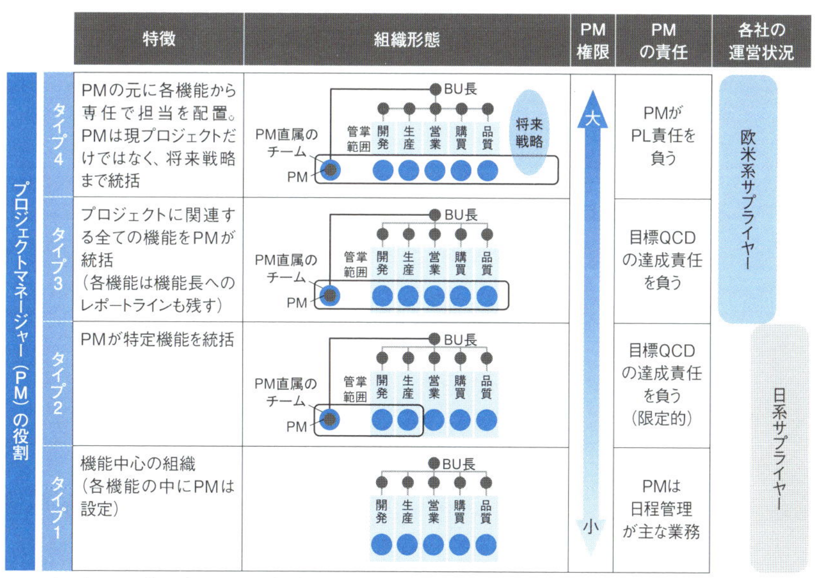

図4-4　プロジェクトマネージャーのタイプ分け（日系と欧米系の違い）
（出所：有識者インタビューなどからADL分析）

タイプ2と3はタイプ1と4の中間にあたり、タイプ3ではPMの元に各機能担当を集めるが、各機能担当は各機能軸の上長へのレポートラインを持っている体制である。タイプ2は、一部のみの機能担当をPMの元に置く体制となる。

この分類を前提として、日系サプライヤーと欧米系サプライヤーが各々どのような組織体制を敷いているかを分類する。日系サプライヤーの多くは、タイプ1と2であり、一部のプレイヤーではタイプ3が採用されているといった状況で機能軸の裁量が非常に大きい組織体制となっている。

一方、欧米系（特に欧州系）ではタイプ3のプレイヤーが多く、プロジェクトによってはタイプ4を採用している場合もある。機能軸よりもPMへ権限が集中している組織体制を取っている。これは、垂直統合基点の日系と水平分業基点の欧米系という成り立ちの違いが表れている。

CASE時代のプロジェクトマネージメントの方向性

CASE時代の競争環境では、OEMとの関係を対等にしていくことも日系サプライヤーにとっての重要命題である。そのためには、プロジェクトの成立に責任を持ち、OEMへの実質的な窓口を担うPMを設け、この職にプロジェクト推進のためのKPIを設定することで、プロジェクトにとって全体最適となる判断の下でプロジェクトを推進することが必要である。

PMの責任範囲をどこまでにするか（ビジネスの責任まで負わせるか、ものづくりのQCD達成責任までとするかなど）については、置かれた状況と戦略によって適切なものを設定すべきである。ただ、PMに機能軸よりも強い権限を与えることは必須である。機能軸と同等の権限を与えるのでは、船頭が増えるだけになってしまい、担当者の業務増加などの混乱を生む原因となる。

CASE時代には、OEMのサプライヤーへの依存度が高まってくる。サプライヤーがOEMと対等な関係を築けるかどうかが、サプライヤーのR&Dやビジネスの重要成功要因（Key Success Factor）になる。そのために必要なケイパビリティー（企業成長の原動力となる組織的能力や強みのこと）を充足させるために、日系サプライヤーにはR&D体制とプロジェクトマネージメントの在り方の変化が求められる。

第5章

CASE時代には100倍の開発生産性が求められる

CASE時代には100倍の開発生産性が求められる

ドイツ・ダイムラー（Daimler）が重要な次世代技術のフレームワークとして2016年にCASEを唱え、自動車業界でCASE対応が喫緊の課題となってから3年が過ぎた。部品メーカー（サプライヤー）は具体的に、CASEにどう対応すればよいのか。そのためには、研究開発（R&D）の組織とプロセスを変革していかねばならない。第5章では、特にソフトウエア開発のプロセスに焦点を当て、CASE対応のためのR&D組織・プロセスを検討する。まずは、設計開発組織を取り巻く環境の変化を整理する。

自動車開発への新たな要求

近年の自動車設計・開発への要求の変化は、大きく分けて2つ存在すると考えられる。第1は、新たに加わった機能要求への対応である。コネクテッド、自動運転、シェアリングに代表される要求機能の増大と電動PTの拡大は、極めて深刻な課題を提示している。

現在、車載向けソフトウエア開発は2次関数的なボリューム増大を示しており、過去10年でソフトウエアの総ソース容量は150倍に増えた。開発を効率化しても工数は60倍に拡大している。それでもCASE対応に伴い、開発すべきソフトウエア機能量の大幅な増大も予測されている。

さらに新領域においては、GAFA（グーグル、アップル、フェイスブック、アマゾン）に代表される開発生産性でもリソースでも圧倒的なIT企業の参入が予想される。効率化の他、協力したり合併したりといった対応を掲げている会社もあるが、100倍の開発生産性が要求され得る将来環境において、現状の延長に解はない点をまず理解しなければならない（**図5-1**）。

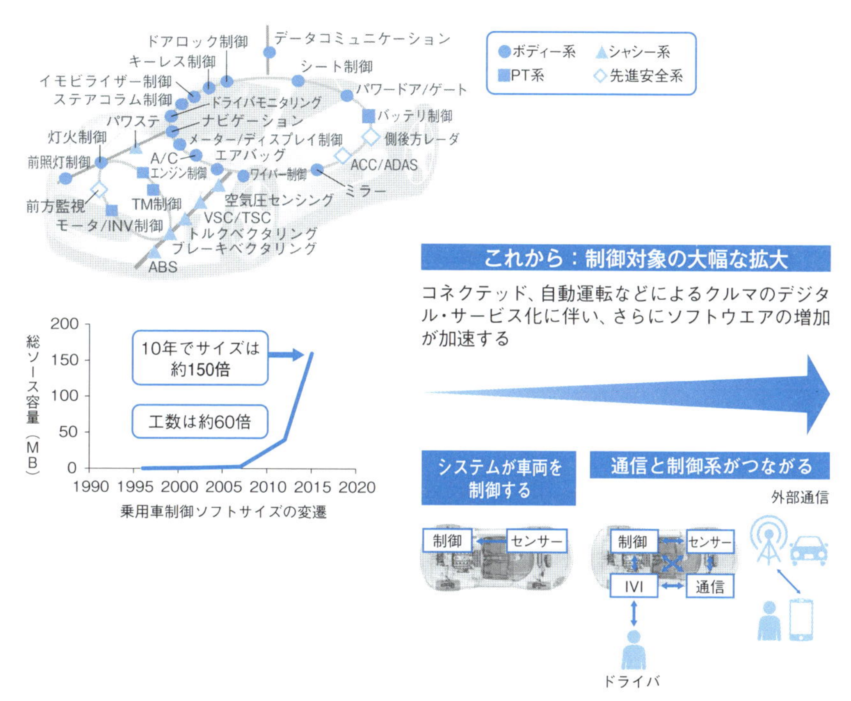

図5-1　クルマの設計開発に関する要求の変化
コネクテッド、自動運転などによるクルマのデジタル・サービス化に伴い、ソフトウエアの増加がさらに加速する。（出所：ADL）

第2の変化は、従来性能の要求が高度化していることである。エミッション（大気汚染物質）や燃費、衝突安全は規制強化が続いている。既存製品を抱える現在の自動車業界の有力プレーヤーが電気自動車（EV）に全面移行するには、高エネルギー・高出力密度を備えたバッテリーの要素技術の確立が必要である。

だが、それには時間が必要であり、従来の内燃機関とそれを前提とした各種技術の開発は依然として重要である。CASE対応で搭載するデバイスが増大しても、コストや質量、快適性といった要求が弱まるわけではなく、むしろ過去のクルマ以上の性能をユーザーは期待している。

さらに性能の向上によって、過去には問題がなかった事象が開発課題となりつつある。例えば、エンジンの燃焼効率が向上した結果、排熱不足による暖房能力が低下。これまでは「始動後X分で冷却水X度を達成」すればよかったが、現在では熱エネルギーをどこにどれだけ配分するかをシビアに求められる事態になっている。

変化しつつある自動車開発の姿

こうした自動車業界の開発の変化に対し、どのようなアプローチが求められるのか。日本でも変化が起こりつつあるが、先行するドイツ系完成車メーカー（OEM）とサプライヤーの例を踏まえつつ整理してみる。

欧州のOEMは、従来の個別最適・改善の積み上げでは到達が困難であると判断し、全体最適設計を進めることで性能達成レベルの向上を志向している。

従来の開発では、車両目標を各サブシステムの個別性能向上に割り振っていた。例えば燃費の向上では、エンジンフリクション、トランスミッション損失、車両の引きずり抵抗などの削減目標を個別に設定して開発し、試作車を用いて性能評価を行い検証するのが常であった。

これに対して現在では、車両システム全体の機能・性能配分と実現性を仮説検証するフェーズを重視する開発が具現化されつつある。先述した燃費目標の例で言えば、個別目標に割り振るだけでなく、NV（騒音・振動）などの他の性能とのバランスや、発電損失なども考慮して、最適な出力動作点と個別効率・損失目標を合わせて検討する考え方である。

この方法の成立には多くのケーススタディーを迅速に行うことが必要なため、シミュレーションの活用が大前提となる。これにより、その時点で存在しない個別部品の諸元を仮設定した検討ができるようになり、一部のOEMでは試作車フェーズの削減も進んでいる。

これは「MBD（モデルベース開発）」「V字開発プロセス」などのコンセプトで、以前より示されている概念である。特にドイツのOEMは、開発をバリデーション（車両レベルの性能成立性検証）とベリフィケーション（サブシステムレベルの検証）に分類し、バリデーションにおける車両システムの高速ケーススタディー・仮説検証を重視したプロセス・体制を構築している。

また、車両全体像の高速仮説検証を重視する一方で、特にコネクテッド、自動運転関連はシステムごとに個別の開発体制を敷く動きも見られる。ある欧州OEMでは、先進安全運転支援システム（ADAS）や自動運転関連機能開発を合弁子会社に一括して委任。シャシー制御機能は大手サプライヤーの開発品を採用している。

これは、従来のハード開発プロセスでは車種ごとの適合・テーラリングによる「すり合わせ開発」が重要であったのに対して、CASEなどの新技術は要求分析・機能開発による仮説構築・検証サイクルが重要であることも影響している。

分かりやすく言えば、エンジン・車体など従来のハードは、車種別に検証確認が重要であるのに対して、CASEの新技術はシステムごとの検証がより重要であり、車種別のすり合わせの比重を軽くできる（もしくは軽くするべき）ということである。

従来技術でも、外装は車種ごとに変更するが、パワートレーンの主要部品やプラットフォーム（PF）は、近似したセグメントで展開し活用していた。CASEの新技術では、これをさらに進めた世代開発的な考え方が求められている（**図5-2**）。

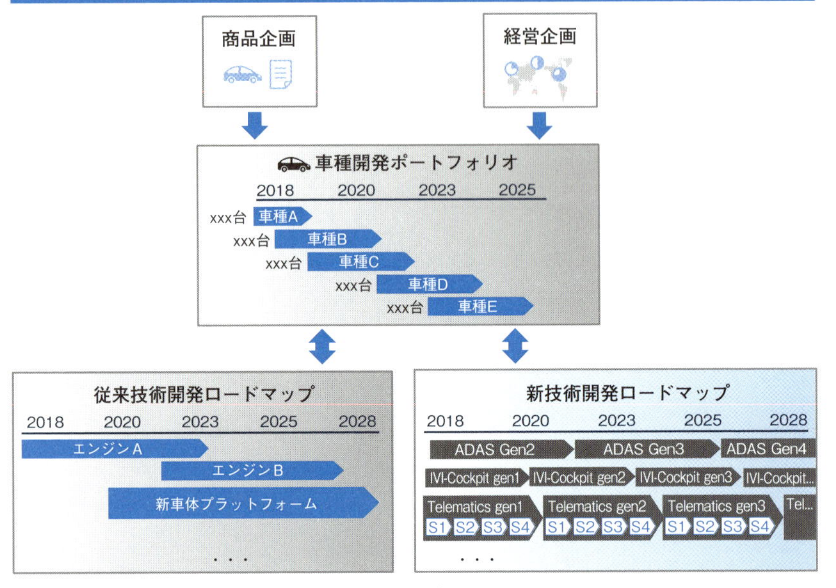

図5-2　CASE時代に求められるクルマ開発の姿
それぞれの開発期間・世代交代の頻度の違いを踏まえて車種ポートフォリオを構築。商品企画や経営企画と合致させる。（出所：ADL）

後述するが、商品性の観点からは商品仕様の最終確定タイミングを極力後ろ倒しにしたいため、商品への要求変化は必ず発生する。

要求変化に対して影響範囲を即座に分析し進めるため、従来システムとCASEアイテムそれぞれの開発特性に合わせた適切な開発を推進できるように分離すると同時に、それぞれの開発期間・世代交代頻度の違いを見越した車種ポートフォリオを管理することが必要になる。

サプライヤーに求められるアプローチ

こうした開発の変化に対して、具体的にサプライヤーはどのような戦略を取るべきであろうか。対処すべき課題を整理すると、以下のようになる。

(1) 部品／システムが車両搭載時にどう振る舞うかを提示できるモデルの供給能力を確保する
(2) 担当システムが要求仕様定義を含め開発できるシステム開発能力を確保する

供給モデルは、そのシステムがどのような振る舞いをするかを記述し実際に数値計算が可能であるものが望ましい。シミュレーションのインターフェースをOEM側と調整する上でも、物理的な振る舞いを「MATLAB Simulink」などに代表されるブロック線図シミュレーション、1Dシミュレーションで表現することが適当である。

要求仕様定義を含めたシステム開発能力に関して、実はサプライヤーは自前で要求仕様を検討し定めることに長けている。使用環境が過酷で、ユーザーによるユースケースが膨大な自動車開発において、OEMからの要求仕様には「10年で20万km通常使用にて問題なきこと」と記載される例さえもある。サプライヤー側の部品の使用環境を想定し規定する必要があったためだ。

だが、CASE時代のシステムは、ソフトウエアの比重が大きい。IVI（In-Vehicle Infotainment：次世代車載情報通信）システムを例にとると、ユーザーインターフェースとして音声認識機能、ジェスチャーコントロール機能などが考えられるが、これらによってどのような機能を実現するかの要件定義は膨大な可能性と開発ボリュームを内在させている。

例えば運転者のジェスチャーを認識するドライバー・モニタリング・カメラでどのような動作を認識し、どのように機能させるか。眼の開閉を認識して運転者の意識レベルを測定したり、顔認証で個人を認識したりすることは既に実現されているが、ジェスチャーや音声による車両コントロールの可能性は無限というほど広がっている。

CASE時代のサプライヤーのR&Dの課題、シミュレーションの開発とソフトウエア機能の開発にどう対応するか。制御・機能ソフトウエアなど対象技術の多少の違いこそあれ、「高速で仮説検証を行うために、ソフトウエア開発の比重・分量の爆発的拡大にいかに対応するか」という問題としてクローズアップされる。

IT人材の不足が叫ばれる中、自動車というハードの振る舞いも想定し、ユーザーに価値を提供するソフトウエアを開発できる人材はさらに限られ、枯渇が見込まれる。さらに冒頭で示した通り、CASE時代のソフトウエアは、100倍の開発生産性が必要となる。企業間連携による効率化も1つの答えだが、それだけで全てをカバーできるわけではなく、また、全ての企業が連携できるわけでもない。

新時代のソフトウエア開発プロセスの整備

もう1つの、そしてより重要な考え方が、効率的なソフトウエア開発の実現となる。ここで、アーサー・ディ・リトルが過去に取り組んだ以下のような「問い」を紹介したい。

「ソフトウエア開発という基本的には同じような技術に取り組んでいるのに、なぜ米グーグル（Google）や米アマゾン（Amazon）と既存プレーヤーの組織は、これだけ生産性が違うのだろうか」

これをひも解く1つのキーワードが、アジャイル開発とマイクロサービス型組織である。従来のITシステム開発は、トップダウン型のウオーターフォール開発によって遂行されていた。事前に達成すべきシステム全体の要求を分解し、「要件定義⇒各機能ノード分解⇒各モジュールの仕様決定⇒コーディング」の順で遂行される。ただ、システム開発の複雑化に伴い、多くの課題が顕在化するようになった。

具体的には、(1) 実運用の数年前に仕様を確定する必要があるため、現実のニーズを捉えた仕様を定義することが困難、(2) 開発が不可逆的に進むために、開発途上や試験段階で浮上したニーズへの機動的対処がほぼ不可能、(3) 下流工程の意思決定余地の少なさによる現場のモチベーション低下——などである。

これに対してアジャイル開発は、2001年のアジャイルソフトウエア開発宣言によって提唱されたショートサイクルの現場主導型、積み上げ型のソフトウエア開発プロセスである（**図5-3**）。

アジャイル開発は多くの場合、システム部門における開発高速化の手段として理解されがちだが、当社ではこれを経営の視点から「ビジネスアーキテクチャー（組織としてどう競争力を担保するか）」、「意思決定機能（搭載機能をどう決めるか）」、「開発・品質管理プロセス（現場主導で高速に作りながら品質をどう担保するか）」の3階層で理解すべきと提言している。また、これを実現するための少人数チームが緩やかにつながる組織形態を「マイクロサービス型組織」と名付けている。

ビジネスアーキテクチャーの観点から言えば、これまでの自動車開

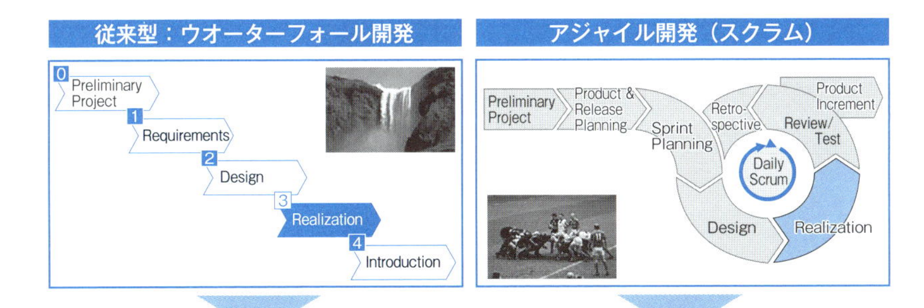

図5-3　ウオーターフォール開発とアジャイル開発の違い
従来のウオーターフォール開発と違い、アジャイル開発はショートサイクルの現場主導・積み上げ型の開発である。（出所：ADL）

発は法規調査、技術ベンチマークや商品企画部門などのリサーチに基づいて、実現すべき性能コンセプトをある程度定めることが可能だった（例：ある技術を用いたクラス最高の燃費性能）。規制動向や技術進化は激しいとは言え、リサーチを基軸にターゲットを設定し適切に目標設定するアプローチが、比較的当てはまりやすい領域と言えた。

しかし、CASE時代にはこのパラダイム自体が崩壊している可能性がある。具体的な例を挙げれば、10年後の自動運転車を活用したクラウドサービスを正確に予想することは現実にはほぼ不可能である。

自動運転機能そのものについても、想定されていなかった事故の発生によるレギュレーションの変化（例：自動運転車を対象としたいたずらへの対処必須化）や路上で認識すべき対象が大きく変わることで（例：低速自動運転による物流ロボットの一般化など）、開発の前提を途中から大きく変えなければならない事態が起こることが容易に想像される。

アジャイルはIT業界特有の開発手法ではない

こうした世界観を前提とすれば、特にCASE時代においては、商品性の観点からは商品仕様の最終確定タイミングを極力後ろ倒しした上で、避けがたい偶発的な仕様変更に機動的に対応できる能力を身に着けた企業だけが生き残りを許される。

日系メーカーにおいては、部門を横断的に巻き込んだすり合わせが美徳とされる文化も存在するが、そのたびに階層をまたいだ手戻りを繰り返していては計画が遅延するばかりとなる。それを防止するためには、コンセプトをどう実現するかの意思決定も含めて、現場の開発チームが担当することが有効である。

ある米系トップIT企業では、「ディレクターの役割はスクラムチーム間の意思疎通の回数を一定以下に抑え、現場が自律的な意思決定をできるように適切な組織権限設定とサポートを提供するもの」と定義されている。

アジャイルは現場主導型での自律的な目標達成を志向した開発のやり方であり、むしろ日本の製造現場が得意としてきた「各個の判断による自働化対応」の正常進化であり、これをITの力を前提に仕組み化したものである。

日本では、アジャイル開発は「最初に仕様を固めないソフト開発のやり方」と紹介されることが多い。そのため、品質・安全最優先の自動車開発にはマッチしないIT業界独自の手法との理解がされがちである。

アジャイルが否定しているのは、「初期段階のニーズが見えない状況で全ての仕様・機能を割り出し分解してから具体的な機能開発・コーディングに着手する」ことであり、事前に何も決めなくてよいとしているわけではない。むしろ「何を達成したいのか」を決めずにアジャイルを適用すると、商品・ビジネス企画部門の無策を正当化する手法に終わるリスクをはらんでしまう。

「何を達成したいのか」というコンセプトを明確にし、その達成を図る成果指標を明確にすること。そして、それを性能目標・機能決定プロセスと適合させ、意思決定と製品の開発完了タイミングを適切にコントロールすること。その上で、具体的な実現手段の権限は現場に委譲することが必要である（**図5-4**）。

また、アジャイルの本質が現場への権限委譲によって、より効率的な開発を実現する手法である以上、どのような価値を提供すべきかを考えることのできる優れたエンジニアほど、自らの裁量を求めてよりアジャイル的な開発が実現された職場を志向する。ソフト人材を確保するために必要なことは、給与の向上や人材派遣会社との契約以上に、開発環境を整えることであり、人材を自社に帰属させるためにも

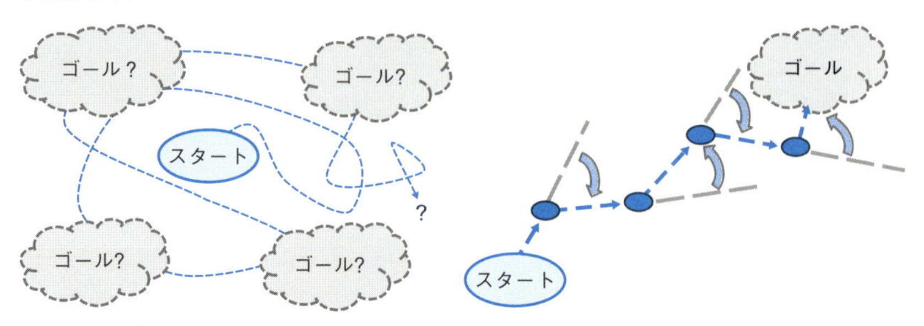

図5-4　アジャイル開発の導入で陥りがちな姿とあるべき姿
「ゴール」と「成果指標」を決めた上で、「実現手段」を試行錯誤しながらたどり着くのが望ましい。（出所：ADL）

絶対に必要な方法論といえる。

こうした開発手法は、既にドイツのメガサプライヤーであるボッシュ（Bosch）やコンチネンタル（Continental）などが導入しているほか、最も信頼性が要求される軍用機開発ですら適用され始めている。スウェーデン・サーブ（Saab）のマルチロール戦闘機「グリペン（Gripen）」は、アジャイル開発により成果を上げた。

従来型のウオーターフォール開発で特に開発が難航したことで知られる米ロッキード・マーチン（Lockheed Martin）の「F-35」戦闘機に比べ、開発コストは1/100（F-35プロジェクトの総コスト160兆円に対して、グリペンは1.5兆円）で、機体価格を1/3程度に抑えた（F-35が1機当たり約160億～370億円であるのに対してグリペンは約80億円）上で、ステルス性能以外は同等以上の性能を達成するなど、圧倒的な効果を上げた。

変化を恐れているのは誰か

かつて欧米のOEMは、「現場の判断で製造ラインを止めることなどあり得ない」と日本の製造方式を拒絶した。だが、結局は現場の判断でラインを止め、改善を繰り返した製造ラインこそが品質と生産性で強みを発揮した。

「最初に要求仕様を確定させないなどあり得ない。現場の判断で搭載機能を決定するなどあり得ない」ということは、異なる手段に対する違和感だけで正しいゴールを得る機会を逃してはいないだろうか。開発生産性を向上させる機会を阻害しているのは、「そんなことはあり得ない」という思い込みではないだろうか。

同じ1万人規模の開発組織が存在したとしよう。ウオーターフォール型組織では、上司の5年前に机上検討した仕様をブレークダウンし、1万人がその実現に向けて分別を欠いた形で遂行している状況である。また、当初の机上検討に漏れ・見落としがあれば、意思決定には次のモデルの開発を待たざるを得ない状況であり、極論すれば意思決定のタイミングは5年に1度である。

一方、アジャイル開発を前提としたマイクロサービス型組織では、10人からなるチームが1000チーム存在し、各チームが2週間おきに小刻みな意思決定を行っていくことを前提とした経営システムといえる。5年間では、1000チーム×26回／年（52週／2週）×5年=13万回の細かな意思決定がなされることになる。

アジャイル開発の導入には一定の導入・運営費用が追加的にかかることは事実である。だが、要求変更に対応しがたい開発プロセスを運用し、要求変化に伴い多大な追加工数と混乱を生みながら対応している現状の開発組織と比べたとき、前述の偶発的事象に対処するための組織としてどちらが有効かは自明ではないだろうか。

現状の改善の積み重ねの先に解はない

もちろん、アジャイル開発やマイクロサービス型組織が万能で、今までのやり方を全て直ちに捨て去るべきだというつもりはない。しかし、シミュレーションやソフトウエア開発などを合わせて100倍の開発生産性が要求され、おそらく現状の改善の積み重ねの先に解がないことは容易に想像される。

こうした中、日本の生産方式に思想的源流を持ちながら米国のIT産業によって磨かれたアジャイル開発手法やマイクロサービス型組織を研究することは、日本の自動車産業の変革に向けた大きなヒントを得ることができるものと確信している。

市場の変化を俯瞰すれば、既存の競争軸（コスト・燃費・環境性能など従来性能の向上）を求めた競争から、達成すべきゴールを誰も知りえない状況で、課題が見えた瞬間にいち早く達成する能力が求められるようになってきているといえる。

戦（いくさ）に例えると、攻略すべき対象が山の上に固定されていた城郭から、どこから敵が現れるか分からないゲリラ戦に変わったようなものである。両者の戦いで求められる組織体制や技術は、大きく変わらなければならない。それができなければ、CASE時代の開発競争を勝ち抜けないだろう。

第6章

CASE時代に求められるシステム化・ソリューション提案力

CASE時代に求められるシステム化・ソリューション提案力

第4章と第5章では、CASE対応のためのR＆D組織・プロセスを検討し、設計開発組織を取り巻く環境の変化を整理した。CASE時代に世界市場での戦いが求められるモビリティーサプライヤーにとって、高い付加価値を生み出す独自のポジションを構築するには商材のシステム化、及びソリューション提案が重要になる。第6章ではシステム化、ソリューション提案の重要性を振り返りながら、その実現に向けた押さえどころを示す。

CASE時代における車両は、完成車メーカー（OEM）が得意としてきた車両のコンセプト設計に基づくハードウエア（HW）のすり合わせ、ソフトウエア（SW）の統合による走行機能の実現のみならず、電動化対応技術や「車車間」通信システム、「路車間」通信システムの構築、自動運転技術や自動運転時における快適な車内空間の実現に向けた空間構成要素の高次制御・インフォテインメントの実装、車両サービスプラットフォーム（PF）との連携などが求められる。その結果、OEMとしての企画・開発範囲が指数関数的に増加している。

システム化・ソリューション提案の重要性

この動きに付随して、自動車部品メーカー（サプライヤー）の役割は、ティア1であれティア2であれ、従来の車両の走行機能改善に根差したものから、より複雑かつ高次な機能実装に向けて多様な部品機能を統合する「システム化」のほか、OEMやティア1が対応しきれない企画・開発リソースを補うための「ソリューション提案」の展開がより重要となってきている。

ここで「システム化」と「ソリューション提案」を定義しておく。「システム化」とは、単体の製品供給から物理的・機能的に接合界面を有する機能部品を取り込み、より複雑度を高めて複合機能部品化することである。「ソリューション提案」は、未知の顧客ニーズをつかみ、提案型で解決策を提示することと定義する。

システム化とソリューション提案は複合的に発生することもあり、顧客ニーズを踏まえて新たな複合機能部品を提案することがそれにあたる。それぞれが独立に発生することもあり、既知の顧客ニーズに対して複合機能部品化を進める場合もあれば、単機能部品でも未知のニーズをつかみ、ソリューション提案を行う場合もある。

CASE対応に加えて、世界市場での戦いの重要性が増す中で、世界各地の地場プレーヤーとの差異化に向けて、システム化・ソリューション化による価値の取り込みの切り口を持つことも重要になってきている。部品単体のコア技術を磨き、コンピタンスを強化していくことは重要な差異化の切り口ではあるが、近い将来、機能向上の要求の変化が乏しくなるとコスト競争へと落ち込み、日系サプライヤーの不得意な戦いになる。

各プレーヤーの置かれた事業の競争のルール、換言すれば対象商材の成熟度によって、システム化・ソリューション提案の検討重要度は異なるが、永続的に機能向上の要求が続くものは限られることを踏まえると、中長期的な事業の視点としてシステム化・ソリューション化は意識せざるを得ないだろう。

付加価値を高める有用な切り口

例えば、電動化の主要構成部品である電池セルでは、有力なプレーヤーは液系リチウムイオン電池（LiB）の材料革新が一巡し、生産投資の側面が強まりつつあることを捉えてシステム化の重要度を高めている。次世代の全固体電池セルの開発を進め、コンピタンスを強化しつつ、既存の液系セルの特性を踏まえた最適なBMS（バッテリー・

マネジメント・システム）や放熱システムを統合したシステム化も進んでいる。

また、車載用の表示デバイスも、メーター類やカー・ナビゲーション・システム、ヘッド・アップ・ディスプレー（HUD）の個別機能を向上させる開発から、各種表示系やコンソールパネルを統合制御した「デジタルコックピットシステム化」が進む。快適性をつかさどるエアコンでは静音、小型、省エネといった製品単体の機能の向上から、運転者の状態に合わせた最適な空調システムへの進化や、映像コンテンツと連動した風量・香り、温調コントロールシステム化、及び新たな体験価値の提供に向けたソリューション提案が活発になりつつある。

以上のように、システム化やソリューション提案は、付加価値を向上させる有用な切り口となる。特に電機・電子／機構部品のように部品単体での差異化が難しく、周辺部品との接合界面が多い部品で重要となる。しかし、システム化・ソリューション化を掲げるプレーヤーの中には、その実現に苦戦するケースが多い。事業展開に向けては、いくつかの押さえるべきポイントが存在する。

システム化の押さえどころ

システム化に向けた第1のポイントは、自社の商材を核として効果的な周辺部品の取り込み範囲を規定することにある。機能・構造の設計の改善に寄与しないものをいたずらに取り込むことは、ともすれば組み立て工程の代行になりかねず、付加価値を高める観点からは避けるべき悪手になる。機能・構造設計の効率化に寄与し、顧客ニーズにかなう範囲を的確に見極めることが重要となる。

ここで、機能の効率化に向けたＭ＆Ａ（企業の合併・買収）や提携による代表的な取り組み事例を紹介する（**図6-1**）。

クルマの知能が高度化する環境下では、制御・通信の連携対象部品、及び連携の要素技術となるセンシング、制御、アクチュエーション、通信技術を強化し、システム化を進めることが主なアプローチと

企業名	取扱製品	形態	時期	対象企業	対象企業製品	備考（狙い・システム化方向性）
ZF（独）	駆動・伝動	買収	2014	TRW（米）	安全、電子・制御	統合シャシー制御システム、ADASシステム
BorgWarner（独）	吸排気	買収	2015	Remy International（米）	モーター、スターター、オルタネーター	電動パワートレーン開発、エンジン燃費効率改善
Harman International（米）（現Samsung子会社）	インフォテインメント（オーディオ）	買収	2004	QNX Software Systems（米）	Real time OS	オーディオメーカーから総合IVI・ADASシステムメーカーに転換
		買収	2013	iOnRoad Technologies（米）	ADAS	
		買収	2015	S1nn（独）	インフォテインメント	
		買収	2015	Red Bend Software（イスラエル）	OTA	
		買収	2016	TowerSec（米）	サイバーセキュリティ	
Autoliv（スウェーデン）	シートベルト・エアバッグ	事業買収	2008	Tyco Electronics（スイス）	レーダーセンサー	ブレーキシステム（ADAS対応ブレーキシステム）
		事業買収	2010	Visteon（米）	レーダーシステム	統合アクティブセーフティーシステム、ADAS用センサーシステム・ブレーキシステム提供
		技術供与	2011	AXTYS	長距離レーダー	
		技術供与	2011	Hella（独）	ビジョンシステム	
		合弁	2016	日信工業（日）	ブレーキ	
Brose Fahrzeugteile（独）	ウインドー・ドア部品	提携	2000	Siemens（独）	モーター・電子・制御	電動ドア・ゲート、シート、エンジン冷却システム
		事業買収	2008	Continental（独）	モーター	
エフテック	足回り	技術交流	―	（非公開）	操縦・駆動制御	制御系メーカーとの技術交流を通じたモジュール提案力強化
小糸製作所	ヘッドランプ	提携	2017	Quanergy Systems（米）	LiDARセンサー／ソフトウエア	ADAS/AD向けヘッドランプ・センサー一体型モジュール

図6-1　協業・連携・買収によるモジュール化・システム化の事例
（出所：ADL）

なる。また、構造設計の効率化の観点からは、クルマの電動化・知能化で車両スペースがひっ迫し、小型・軽量が強く求められる。一体成形や異種材料接合など、ハードウエアの統合化技術を手の内化し、自社商材の周辺に空間的に接合する部品をコンパクトにシステム化することが重要となろう。

いずれの観点からシステムの効率化を進めるにしても、システム化に取り組む先行プレーヤーや新規参入プレーヤーが想定されるため、自社商材がシステムにおいて核となり、他社と差異化できる範囲にとどめることは競争軸の観点から重要である。

第2のポイントは、システム化の実現に向けた社内関連組織、外部連携先の明確化にある。システム化に向けては1つの事業部門に閉じた技術・事業基盤では対応しきれない。足りない能力の補完に向けて社内の関連部門の巻き込みや、社外の有力なプレーヤーとのM＆Aや協業体制構築を視野に入れた柔軟なアプローチが必要となる。

第3のポイントは、組織横断で連携を進める事業体制を、KPIの設定や組織体制の見直しを含めて規定することにある。社内外の事業部門横断の連携加速というと聞こえは良いが、実情としては各事業部門のPL（損益計算書）の管理責任に引きずられ、事業部門間の連携は形骸化する傾向が強い。

それを防ぐために、事業部門を横断する連携活動を正式な組織活動として、専任組織として期間限定で構築する、あるいは具体的な成果目標を課し、成果に応じた評価系を既存事業の活動とバランスをとって規定することが求められる。またシステム化を事業の中核に据えるべく、既存の事業部門で関連部門を束ねたり、システム事業本部として組織体制を刷新したりすることも有効な手段となる。

最も重要な第4のポイントは、システム化事業に取り組むことの必要性・意義を全社で共有化し、全社を挙げて取り組みを本格化することにある。システム化を進めることは、既存事業の顧客と競合関係になるリスクをはらむ。

既存事業の存続を優先するのか、既存事業に負の影響があり得るとしてもシステム化を事業の柱と据えるのか。どちらに重点を置くのかを対象事業の特性や将来性を踏まえて明確化し、システム化への取り組みの注力度を経営方針として明文化しておかないと、既存事業もシステム化も中途半端な立ち位置となり、経営悪化を招く。

ソリューション提案に向けた押さえどころ

ソリューション提案に向けた最も重要なポイントは、エンドユーザーの視点で将来のクルマの役割を理解することにある。これまで多くのサプライヤーはOEMのニーズを聞いて整理し、求められる商材を提供してきた。OEM自身もモビリティーの役割・構造が複雑化し、最適解を提示できなくなりつつある中では、自社のクルマの将来像を踏まえた「バックキャスティング」（未来のある時点に目標を設定し、そこから振り返って現在すべきことを考える方法）による商材の姿と統合し、価値のあるソリューション案を提案することが重要になってきている。

大手ティア1プレーヤーでは、既にこの取り組みを組織的に進めている。欧州の大手ティア1サプライヤーのソリューション提案に向けた取り組みのプロセスを見てみよう（**図6-2**）。

その特徴として、サプライヤーという立ち位置ながら、本社研究部門で社会動向のリサーチを徹底して行い、15～20年先の社会像を描画した上で、社会に求められるモビリティーの姿を自社なりに定義し、自社事業の周辺で進むべき方向を決め、ソリューション案・研究テーマとして取り組んでいる。

バックキャスティングによる描画のみならず、事業部門の保有シー

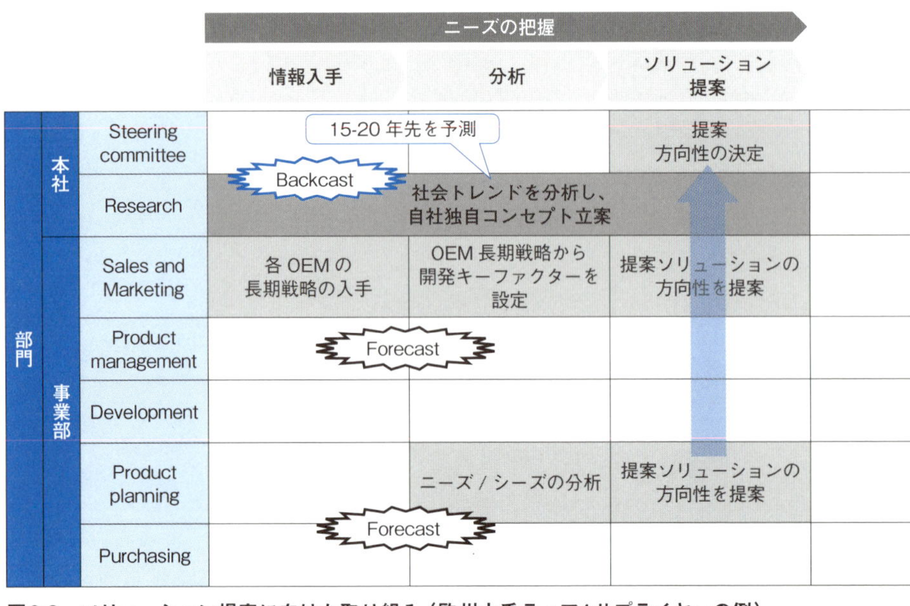

図6-2　ソリューション提案に向けた取り組み（欧州大手ティア1サプライヤーの例）
（出所：ADL）

ズや捕捉しているニーズ、OEMの長期戦略も踏まえた「フォアキャスティング」（現状分析や過去の統計、実績、経験などから未来を予測する方法）によるソリューション描画も並行して進め、顧客の持つ有望な採用シナリオと自社の考えるコンセプトの両面を踏まえながら、提案内容として落とし込みを進めている。

これにはCTO（最高技術責任者）の持つ役割・権限の大きさも影響しており、社内の技術テーマ管理に追われがちな日系企業に比べて、欧州のティア1サプライヤーは、中長期的な社会像描画や取り組みの方向性への検討に力を入れている点にも触れておきたい。

また、本社研究部門（例えば中央研究所）において長期的な社会像を描くにも、自社の閉ざされた視点だけでは限界がある。異業種との積極的な交流による社会像ニーズの多面的な観測を行うことも有効な

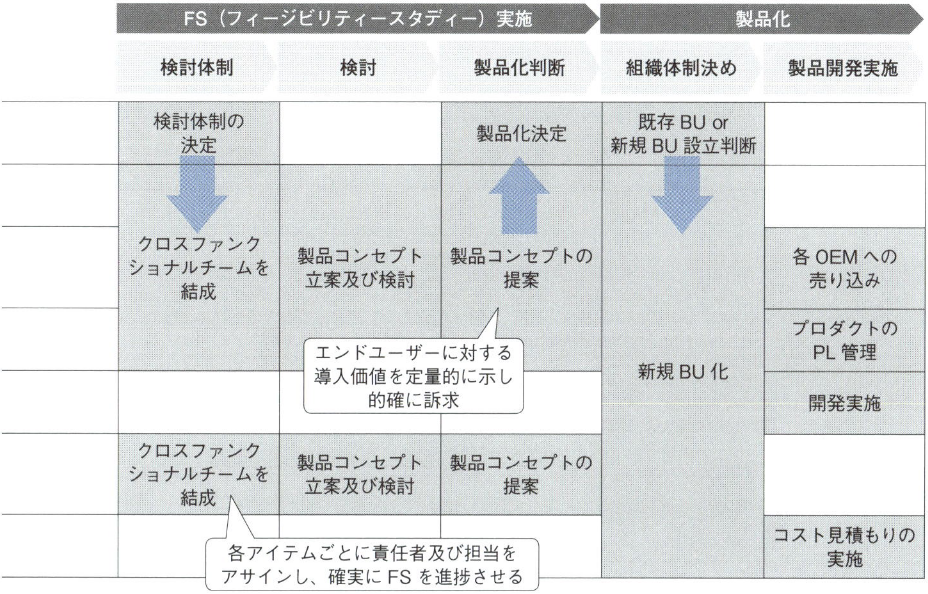

FS（フィージビリティースタディー）実施			製品化	
検討体制	検討	製品化判断	組織体制決め	製品開発実施
検討体制の決定		製品化決定	既存 BU or 新規 BU 設立判断	
クロスファンクショナルチームを結成	製品コンセプト立案及び検討	製品コンセプトの提案	新規 BU 化	各 OEM への売り込み プロダクトのPL 管理 開発実施
クロスファンクショナルチームを結成	製品コンセプト立案及び検討	製品コンセプトの提案		
				コスト見積もりの実施

エンドユーザーに対する導入価値を定量的に示し的確に訴求

各アイテムごとに責任者及び担当をアサインし、確実に FS を進捗させる

手段となる。イノベーションラボを的確に活用し、シーズ開発のみならず、新たなニーズの発掘・ソリューションへとつなげていく視点を意識することがその一助となるだろう。

視点の持ち方とプロセス・組織の在り方がカギ

次に、ソリューションの実現に向けて関連する事業部門でクロスファンクショナルチームを形成し、企画・開発アイテムごとに責任者を設定し商品化に向けた取り組みを着実に進めている点が挙げられる。システム化における押さえどころと同様であり、KPIや組織体制の整備により、新たな取り組みを加速している。

最後に、商品化のFS（フィジビリティスタディー）を進めたソリューションに対して、エンドユーザーへの訴求価値を社会トレンド分析やヒアリング調査をもとにエビデンスとして示し、OEMに的確に訴求し商品導入に向けて巻き込むアクションを徹底している点がある。CESなどの展示会への出展に加えて、独自の展示会やOEMを技術ショールームに招いてソリューション紹介ツアーを行うなど、売り込むための工夫を行うことも重要となる。

以上、システム化・ソリューション提案を成功に導く押さえどころを述べてきた。その成否は自社の商材・技術やその開発力の良しあし以上に、システム・ソリューション案を検討する際の視点の持ち方と、それを適切に実現するためのプロセス・組織体制の在り方が大きい。

見識の高い優れた技術者を豊富に抱える日系サプライヤーは、ミドルアップに多様な開発を進める地力を持っている。その力の方向性をそろえる枠組みを整えることで、グローバルの有力サプライヤーともシステム化・ソリューション提案でも十分に肩を並べて戦っていけるだろう。

ただし、すべての企業がシステム化・ソリューション提案に積極的に取り組むべきというわけではない。既存商材に特化してコンピタンスを強化することが有効になるプレーヤーもいるだろう。また既存商材が「じり貧」の状態でシステム化・ソリューション提案に打って出ると、事業ポジションが不適切になるケースもある。

そのようなケースでのサプライヤーにとって新たな収益源の確保に向けた新規事業の位置付け方と、その効果的な検討アプローチの手法については次章以降で紹介する。

第7章

グローバルビジネス拡大によるガバナンスの再構築

グローバルビジネス拡大によるガバナンスの再構築

グローバルガバナンスの見直しを求める声

近年、自動車部品業界においてグローバルガバナンスの見直しを求める声が高まっている。ただ、グローバルガバナンスに関して、現場から上がってくる問題点自体に従来と大きな変化はない。日本側からは「現地の実情が分からない、勝手に仕事を取ってきてリソースをひっ迫させる」など、現地側からは「日本側の意思決定が遅い、工数不足なのにリソースを配分してくれない」などの声が挙がる。過去に日本本社と地域統括会社、各種現地法人の役割・権限を整理したにもかかわらず、なぜ同じ問題が発生しているのか。

グローバルガバナンスのあり方については、各社5～10年ごとのサイクルで見直しが行われている。「製品・地域・機能軸でどのように役割分担すべきなのか」、「意思決定の迅速化・リソースの最適配分・牽制機能の担保などの要素を優先し、中央集権にすべきか地域分権すべきか」。解くべき課題は普遍的であるが、見直しの声が高まる背景には事業環境の変化がある。

グローバルビジネスの拡大と脱ケイレツ

これまで日系サプライヤーは、日系OEM（完成車メーカー）のサプライチェーンを支える中で成長してきた。日本の自動車産業の黎明期におけるサプライヤーの使命は、海外からの輸入品に対して低コストで部品を供給することだった。拡大期になると日系OEMの海外進出に伴い、現地生産による日本での生産と変わらない品質・納期、かつ海外生産ならではの低コストの製品を納めることが使命であった。

黎明期・拡大期において、サプライヤーが密接な関係を構築すべき相手は、OEMの日本本社にある開発部門であり、日本主導のガバナンスで世界各地の設計・生産・販売拠点に指示を出すことが効率的であり効果的であった。

設計の初期段階からOEMと共にスペックとコストを作りこみ、OEMの発行する生産計画に基づく無駄のない設備投資・人員計画を遂行する。この一連のプロセスが、日系サプライヤーが成長してきた要因の1つである。これら日系サプライヤーを取り巻く事業環境が、大きく2つの観点で変曲点を迎えている。

第1は、日本本社が事業全体の中心から1地域の地域統括会社になりつつある点である。例えばトヨタ自動車は2001年に海外売り上げが国内売り上げを上回り、2014年には北米売り上げが国内売り上げを上回った（**図7-1**）。この動きに呼応する形で、デンソーは2013年に、海外売り上げが国内売り上げを上回った（**図7-2**）。

これらの図によると、2008年のリーマンショックで一時的に海外売上比率は縮小したものの、ここ5年を見れば2005年以降のリーマンショック前夜の拡大を模しており、海外売上比率の拡大は今後も続くと推測される。

OEMごとに主戦場となる地域が異なるため海外・国内逆転の時期は異なるが、国内市場の縮小は自動車販売台数の縮小から見ても明らかで、自動車業界全体のトレンドと言えよう。つまり、以前のように日本がメイン市場、海外がサブ市場といった構図が成立しなくなってきているのである。

第2は、顧客ポートフォリオの拡大である。日系OEMにおいて、電動化・自動運転化の進展による車両の高度化・複雑化に伴い、開発・生産コストが増加している。コスト増加分を車両の販売価格に上乗せすることができないため、そのしわ寄せはサプライヤーへのさらなるコスト低減要求につながり、原価低減を実現できない製品はケイレツ外からの部品調達へとつながっている。

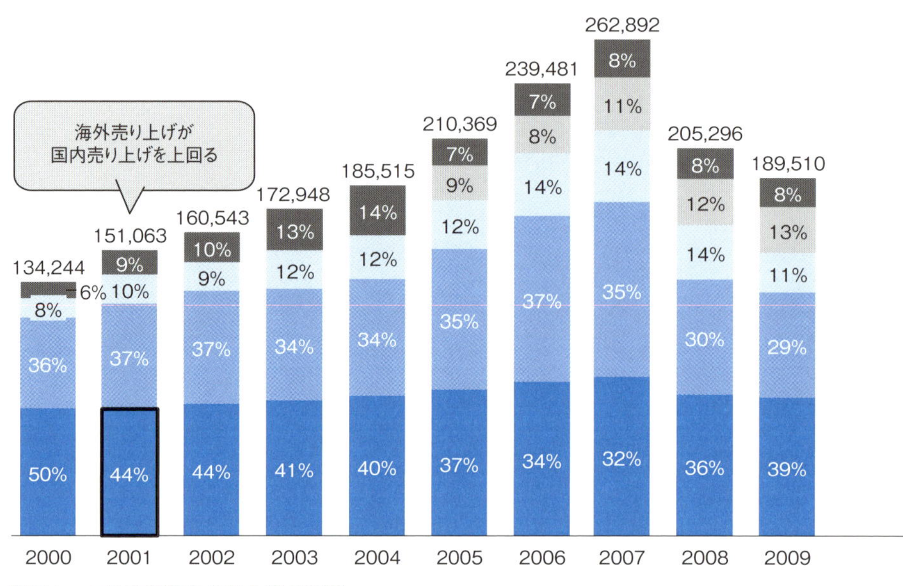

図7-1　トヨタ自動車の売上高の推移
（出所：SPEEDA）

2000年ごろから、サプライヤーへの脱ケイレツを促す動きが活発になった。併せて、サプライヤーの技術力・コスト競争力強化や、それに伴うケイレツの競争力強化も期待された。新規顧客の開拓を余儀なくされた日系サプライヤーは、国内外のOEM（特に中国系OEM）への進出を加速することになる。

結果として、現地に企画機能を持つ方がすり合わせ開発や設計変更に対応しやすいため、従来型のガバナンスではなく、ローカルに実行権限をある程度委譲しないとスピード感のある事業展開ができなくなってきた。

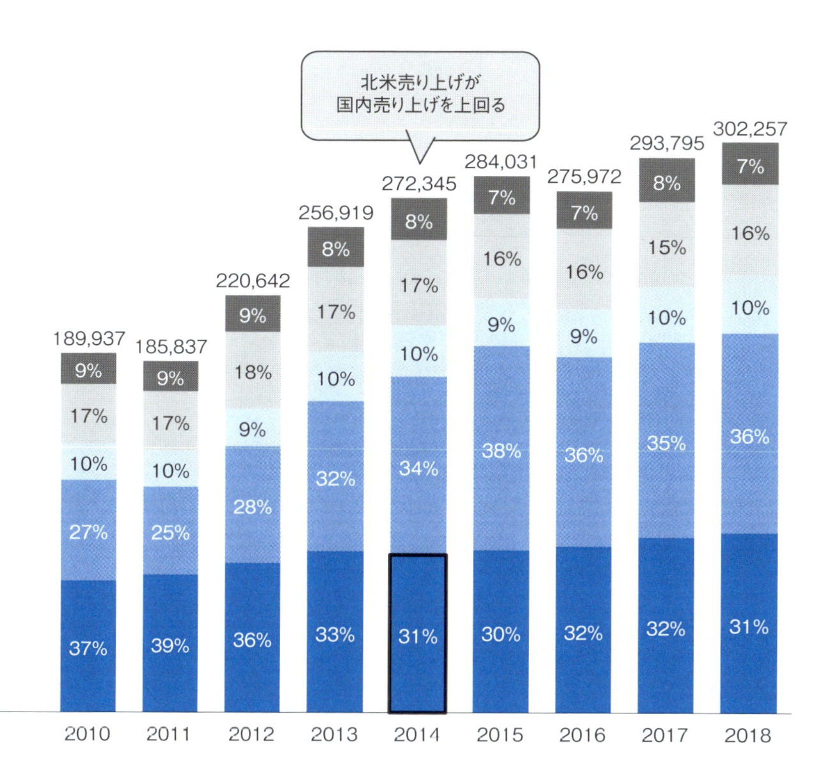

冒頭のグローバルガバナンスに対する見直しを求める声は、海外事業・ケイレツ外の拡大という両面で国内・海外事業の位置付けが変化しているにもかかわらず、日本中心のガバナンスを続ける結果として、コミュニケーションギャップが発生しているのである。過去に事業・機能・地域の役割を整理したサプライヤーにとっても、例えば製品によっては海外OEMと共同開発しているものや、新興国でしか生産していないものもあり、ガバナンスを検討する際の複雑性は増す一方である。

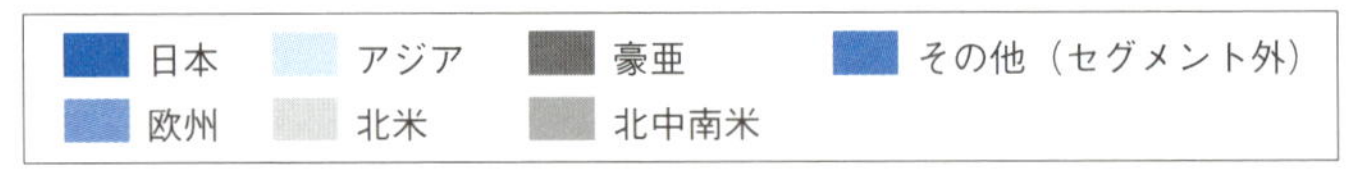

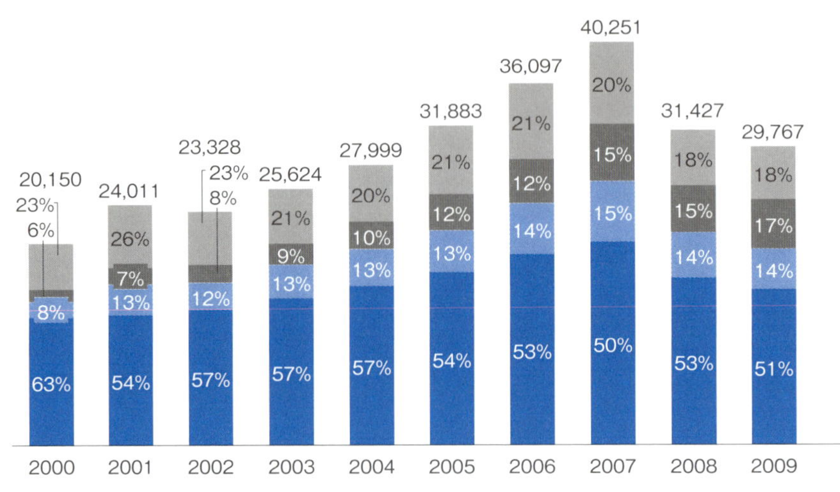

図7-2　デンソーの売上高の推移
（出所：SPEEDA）

収益面の脱ケイレツ化ができない

昨今の一部OEMの収益悪化に伴い、サプライヤーも追従する形で収益悪化するケースが散見される。当初の目的では、このような事態に陥らないために脱ケイレツを進めてきたはずである。なぜ、ケイレツOEMの影響を大きく受けてしまうのか。

収益性が低下しているサプライヤーに多く見られるのは、収益性の低い製品・顧客の獲得によって売り上げを拡大してきた結果、売り上げの脱ケイレツはできても、収益の脱ケイレツができていないケースである。

本来サプライヤーは売り上げ拡大によって、コスト面でも様々な効果を期待していた（**図7-3**）。日本国内の事業と同様に、開発初期段

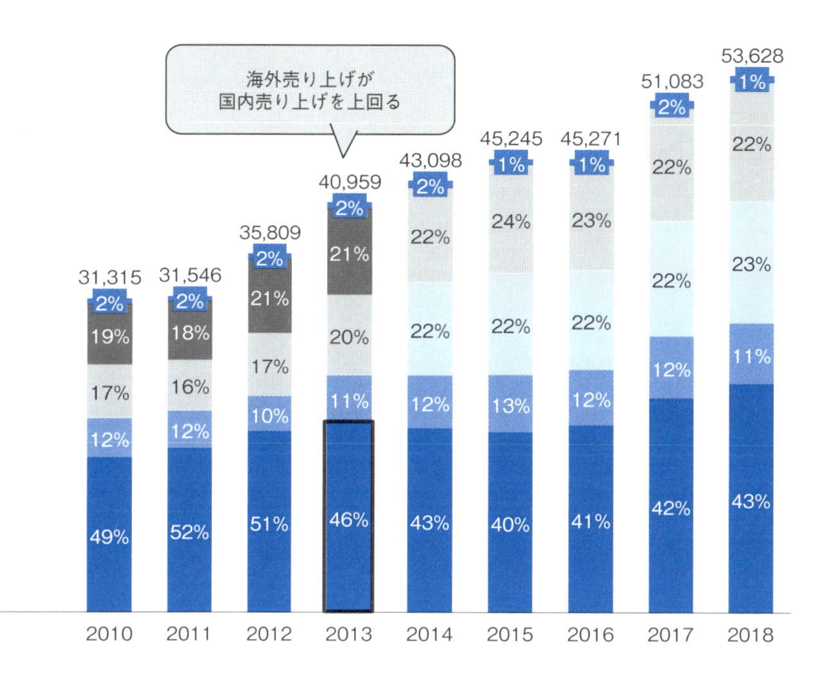

階からOEMに入り込むことでコストを作り込み、良品廉価な部材をOEMに供給し、カイゼンによる効率的な生産を目指していた。しかし現実には、OEM・地域ごとのカスタマイズが増加し、現地サプライヤーの開拓が進まず、カイゼンが定着していないのが実情である。

また、日本側からエンジニアが出張してトラブル対応しているケースも散見され、この出張コストが日本側で計上されているため製品ごとの収益性が見えない企業も多く存在する。2005年ごろにトヨタは、兵站が伸びきっていることを経営課題として掲げた。リーマンショックや東日本大震災などの緊急対応で先延ばしになっていた課題が、自動車部品業界において再燃してきている。

主なコストドライバー		当初の期待	現状の課題
製造原価	材料費	■現調化による材料費の低減	■日系部材メーカーの現地法人からの調達による材料費の下げ止まり
	労務費	■LCC(Low Cost Country)における現地化	■労務費の高騰
	その他製造原価	■カイゼンによる歩留まり・稼働率向上	■カイゼン手法・人材が定着せず
販管費	開発費	■開発初期段階からOEMに入り込むことによるコストの作りこみ	■OEM・地域ごとのカスタマイズが増加
	物流費	■国内・域内完結生産による物流費削減	■外注加工の活用による物流費の下げ止まり
	減価償却費	■現地仕様の設備導入による設備投資低減	■工場毎に設備仕様が異なり、ライン・設備の詳細が属人化・暗黙知化
	その他販管費	■設計変更・不具合対応の国内・域内完結	■日本側からの出張対応による経費増加

図7-3　当初の期待と現状の課題
（出所：ADL）

グローバルガバナンス・オペレーションの再構築

これまでは、サプライヤーにとってOEMの海外展開に追従することが、至上命題であり収益拡大の最善策であった。しかし、顧客ポートフォリオの拡大に伴い低収益製品が増加し、海外生産の拡大に伴い期待通りにコストが下がらない製品が増加してきた。従来の販売・開発・生産では、以前のような収益を維持することは困難になりつつある。

今こそ過去の成功体験を捨て、ゼロベースでグローバルオペレーションを再構築すべきである。例えば、「OEMからの要求に全て応えようとするのではなく、低収益製品は捨てる」、「カイゼンによる生産効率の向上ではなく、最新のテクノロジーの活用による効率化を実現する」といった従来聖域となっていた考え・慣習にもメスを入れる必

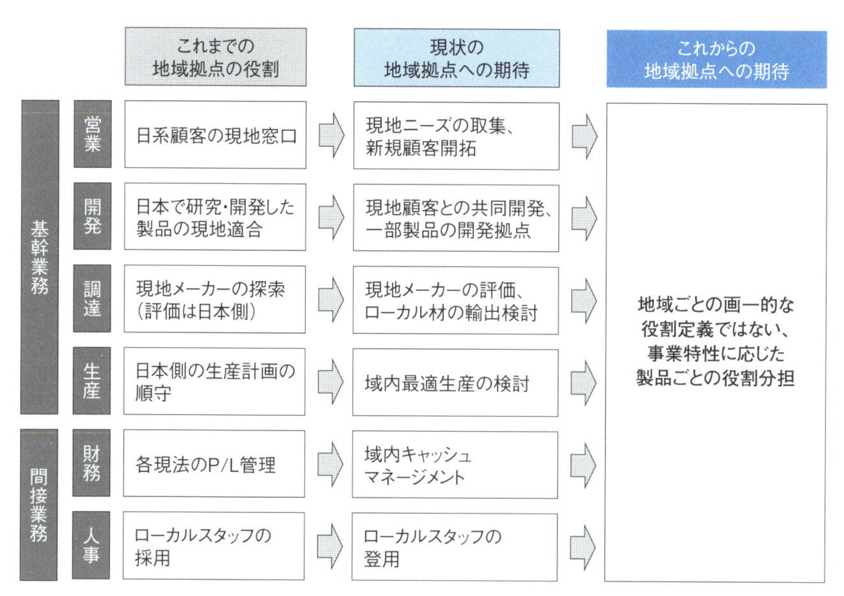

図7-4　これからの地域拠点に求められる役割
（出所：ADL）

要がある。

一部の日系サプライヤーには、「一定以上の収益は悪である」といったOEMに遠慮した考えが浸透しているが、海外のメガサプライヤーは「何が収益源で、どうすれば販売を拡大できるか」を明確に描いている。また低収益事業はいち早く売却し、常に製品・顧客ポートフォリオを見直している。

前述のオペレーションの再構築には、グローバルガバナンスの再構築が不可欠である。再構築にあたって、検討の粒度を細かくすることが重要である。前述の通り、製品ごとにOEMとの関係性や調達・生産の在り方が異なる。これまでは地域・事業ごとに役割が定められていたが、今後は海外への開発・製造移管やJV（ジョイントベンチャー）の増加に伴い、事業特性に応じた製品ごとの役割分担が求め

		レベル1 脆弱な経営基盤	レベル2 本社主導の経営	レベル3 本社・地域間の連携	レベル4 地域主導の経営
概要		PDCAが回っていない	本社主導の計画に基づくPDCA	本社-現地の協議により計画策定	本社はKPIのみ管理し、現地に権限移譲
各機能の実態	事業	予実管理・差異分析ができていない	事業主体の戦略を地域ごとに落とし込み運営	各地域の経営環境を織り込み、地域戦略立案	現地に投資権限を移譲（結果指標のみ本社が管理）
	営業		全件本社側が売価決定	標準品は現地主導で売価決定	ターゲット顧客などを現地主導で全社巻き込み検討
	開発		仕様の決定権が本社のみ	現地適合のみ現地に権限移譲	各地域の顧客ニーズ変化に対し、現地主導で検討
	調達		調達先の決定権が本社のみ	標準品の調達先は現地に決定権移譲	現地主導で域内最適調達を検討・推進
	生産		トラブルシューティングは本社より技術応援	トラブル対応は現地完結	製品ごとに本国以外にマザー工場を設定
留意点		見える化の仕組み構築	意思決定の迅速化	RHQの役割明確化	牽制機能の担保

図7-5　グローバルガバナンスの成熟モデル
（出所：ADL）

られる（**図7-4**）。

また、日本側からの“べき論”だけではなく、現状の課題に基づくあるべき姿を描き、日本と現地間で認識を合わせることがガバナンス改革の起点になる。グローバルガバナンスの成熟モデルを示したのが**図7-5**である。製品・機能ごとに各地域どのレベルを目指すのか、その際の留意点は何なのかを具体化する必要がある。製品によっては、開発は地域主導で推進すべきであり、調達は本社主導で推進する必要がある。この成熟モデルを活用する場合の最大の留意点は、必ずしも高いレベルの経営を目指すことが最善ではないという点である。

ただし、いずれのレベルでも共通しているのは、本社が担うべき役割は現地の活動をモニタリングして、方向性が間違っている場合には

KPI		年次目標		進捗	計画・実績比較			コメント
		FY20	FY19		計画	実績	ギャップ	
営業利益	KPI a	xxx	xxx	→	xxx	xxx	xxx	•Xxxxxxxxxxxxxxxxxxxxxxx
製品A	KPI b	xxx	xxx	↑	xxx	xxx	xxx	•Xxxxxxxxxxxxxxxxxxxxxxx
	KPI c	xxx	xxx	↓	xxx	xxx	xxx	•Xxxxxxxxxxxxxxxxxxxxxxx
	KPI d	xxx	xxx	→	xxx	xxx	xxx	•Xxxxxxxxxxxxxxxxxxxxxxx
製品B	KPI e	xxx	xxx	↑	xxx	xxx	xxx	•Xxxxxxxxxxxxxxxxxxxxxxx
	KPI f	xxx	xxx	↓	xxx	xxx	xxx	•Xxxxxxxxxxxxxxxxxxxxxxx
	KPI g	xxx	xxx	→	xxx	xxx	xxx	•Xxxxxxxxxxxxxxxxxxxxxxx
製品C	KPI h	xxx	xxx	↑	xxx	xxx	xxx	•Xxxxxxxxxxxxxxxxxxxxxxx
	KPI i	xxx	xxx	↓	xxx	xxx	xxx	•Xxxxxxxxxxxxxxxxxxxxxxx
	KPI j	xxx	xxx	→	xxx	xxx	xxx	•Xxxxxxxxxxxxxxxxxxxxxxx
共通固定費	KPI k	xxx	xxx	↑	xxx	xxx	xxx	•Xxxxxxxxxxxxxxxxxxxxxxx

図7-6　マネージメントサイクル構築の例
（出所：ADL）

それを是正することである。その中で、マネージメントサイクルの構築（レビューサイクルの設定・KPIの設定・KPI管理フォーマットの標準化など）が最低限必要となる（**図7-6**）。

IT化して、マネージメントダッシュボードを導入する会社も増えているが、実はそこまでグローバルで対応できている部品メーカーは少ない。その中で、収益性の悪いものに手を出している場合には是正したり、開発マイルストーンに遅延しているものにはテコ入れしたりするPDCAを回す必要がある。

100年に一度の大変革を迎える中、いま一度基本に立ち返って日系サプライヤーの競争力を取り戻していただきたい。現状の姿とあるべき姿を、日本・現地間で議論し具体化した上で、グローバルガバナンスの再構築、そしてオペレーションの最適化を推進し、今後も自動車部品業界が日本の産業を支える存在であり続けることを強く願う。

第8章

新規事業の成功率はわずか1割

①中堅サプライヤー編

新規事業の成功率はわずか１割（①中堅サプライヤー編）

CASE時代においては、エンジンや駆動・伝達系の部品に代表されるメカトロニクス・熱マネジメント部品や成形加工部品の一部の消失が見込まれ、既存製品を核とした企画力の向上、開発の効率化、システム化やソリューションへの展開だけでは成長に限界が来るサプライヤーが現れる。

次世代への備えとして、どのような取り組みを強化すべきか。その一つに新規事業がある。第8章では、サプライヤーのタイプ（メガサプライヤー、中堅サプライヤー）別に新規事業の位置付けを整理した上で、新規事業創出の考え方や方法論を紹介する。さらに、新規事業創出に向けた課題と施策を提示する。

サプライヤー別の新規事業の位置付け

新規事業の創出はどのような企業にとっても重要課題だが、その背景や目的、新規事業の位置付けは企業の状況によって異なる。CASE時代のサプライヤーにおいても第6章で論じた通り、単体の製品供給から物理的・機能的にレイヤーアップしてハードウエアのみならずソフトウエアも取り込み、複雑度を高めたシステム化が求められるドイツのボッシュ（Bosch）やコンチネンタル（Continental）、デンソーなどのグローバルメガサプライヤーと、特定の部品（複数部品の場合もある）に強みを持つ中堅サプライヤーにおける新規事業の位置付けは大きく異なる。

前者のグローバルメガサプライヤーは、一部の完成車メーカー（OEM）を大きく上回る研究開発費用を投じ、EV（電気自動車）化に伴い自動車事業に注力しているパナソニックなどの電機メーカーや、GAFA（グーグル、アップル、フェイスブック、アマゾン）などのIT企業も交えた異次元の競争環境の中で、M&A（企業の合併・買収）などを活用しながらの新規事業創出が求められるようになってきている。例えば2017年の研究開発費はBoschが約9500億円、Continentalとデンソーがそれぞれ約4000億円である。スズキは約1300億円、マツダは約1200億円、SUBARU（スバル）は約1000億円であり、3社の研究開発費の合計約3500億円を上回る（**図8-1**）。

一方、後者の中堅サプライヤーの一部は、第1章で紹介した通り、EV化の影響を受けてエンジン関連部品の約3割が消失するリスクにさらされている。ただし、研究開発費に限りがあるため、これまで培ったコア技術をうまく活用した新規事業創出が求められる。前者にとっての新規事業創出については次回に譲り、本稿では後者にとっての新規事業創出について論じる。

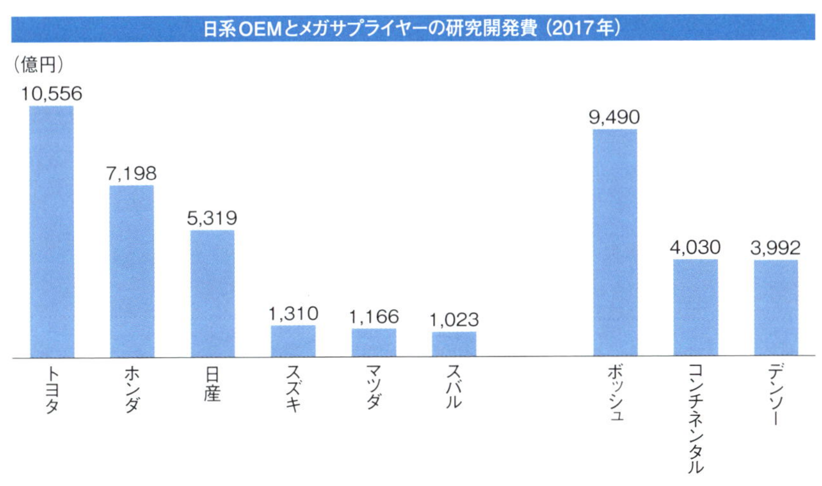

図8-1　日系自動車OEMとメガサプライヤーの研究開発費用の比較
（出所：ADL）

CASEに伴い新規事業創出が求められる中堅サプライヤー

具体的にどのような事業領域（部品）を生業にする中堅サプライヤーに新規事業が求められるのか。EV化により不要となることが想定される部品としては、ピストンやシリンダーなどのエンジン本体部品、カムシャフトやバルブなどの動弁系部品、インジェクターや燃料タンクなどの燃料系部品、エアクリーナーやマフラーなどの吸排気系部品、オイルパンやウオーターポンプなどの潤滑・冷却部品、イグニッションコイルやスターターなどの電装部品、クラッチやトルクコンバーターなどの駆動系部品などが挙げられる。

事業領域として複数の部品を扱っている中堅サプライヤーも多く、ここで挙げた部品の売上構成比は企業ごとの事業ポートフォリオ次第ではある。しかし、これらの部品が売り上げの大半を占めている中堅サプライヤーにとって、新規事業創出は事業継続を懸けた死活問題である。

サプライヤーの事業拡大と新規事業の方向性

それでは、どのように新規事業を創出すればよいのか。もちろん、アイデアマンや天才的なひらめきが豊富に存在するに越したことはないが、そのようなケースはまれであろう。また、アイデア起点は検討が順調なときはよいが、検討が息詰まり、他のテーマの探索が必要な際に方向転換が困難（新規事業に失敗はつきものであるが、その度に検討が振り出しに戻る）といったデメリットもある。

そこで、「対象市場×バリューチェーン」で事業拡大の方向性を整理した上で、個別の新規事業の仮説を検討することが必要となる。網羅感を持って検討を進めることで、個別の新規事業案がどの方向性に属するのかが明確になり、個々の仮説間での優劣比較もしやすくなる。

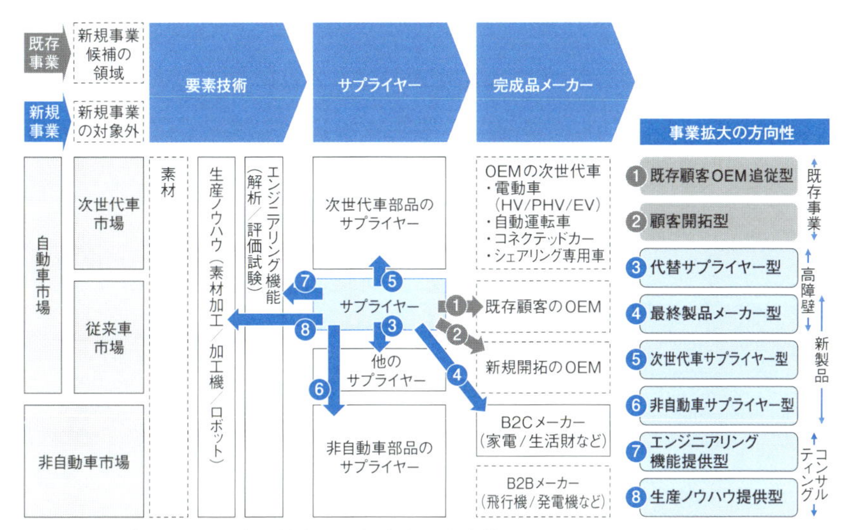

図8-2　サプライヤーの事業拡大と新規事業の方向性
（出所：ADL）

個別の新規事業には無限に近い可能性が考えられるが、サプライヤーの現業を起点とした場合の事業拡大の方向性は（既存事業の拡大を含めて）8つに大別できる。縦方向に対象市場として自動車市場（次世代車／従来車）と非自動車市場をとり、横方向に要素技術　／サプライヤー／完成品メーカーとバリューチェーンをとって整理することで、サプライヤーを中心とした事業拡大の方向性を以下のように整理した。以下、その方向性を具体的に見ていく（**図8-2**）。

① 既存顧客OEM追従型

第1は、ケイレツとして現在の顧客であるOEMにさらに食い込む方向性である。例えばOEMと一緒に、EV化の進展が遅い新興国市場向けの製品を拡大することなどが考えられる。

② 顧客開拓型

第2は、既存の製品で新規顧客のOEMを開拓する方向性である。こちらも、EV化の進展の遅い新興国市場に進出するOEMを新規開拓して、既存の製品を拡販することなどが考えられる。

上記の2つは既存事業の延長であるため、EV化に伴う現業毀損の抜本的な解決策にはならない。ハイブリッド車（HEV）やプラグインハイブリッド車（PHEV）を除くEV化の進展が当初の予想よりゆっくりと進行することが予測される中で、EV化の進展の地域差や投資対効果を冷静に検討した上で、当面この方向性で事業を拡大することは選択肢の一つである。リソース配分や投資対効果の観点において比較検討すべきではあるが、今回は③以降を新規事業の対象とする。

③ 代替サプライヤー型

第3は、従来車の他の部品に参入する方向性である。既存サプライヤーが存在するため競争環境は厳しく、また業界内の領空侵犯（サプライヤー間の信頼関係の毀損）にもなるため参入障壁は高い。

④ 最終製品メーカー型

第4は、高度な加工技術などを活用して高機能な生活財をBtoC向けに製造・販売する方向性だ。例えば、ステンレス鋼の加工技術を活用して高機能の魔法瓶を製造・販売するサプライヤーも存在する。ただし、BtoB事業を手掛けるサプライヤーがBtoC事業を展開するには製品開発に加えて、マスマーケティングの仕組み（ECサイトの整備、マス向け広告など）の構築が必要である。こちらも参入障壁は高い。

⑤ 次世代車サプライヤー型

第5は、電池関連部品をはじめとしたEV化によって生じる新規部品やソフトウエアに参入する方向性である。この方向性を検討しているサプライヤーは多いが、技術的にはメガサプライヤー・電機系・IT系プレーヤーが強い領域である。既存の機械系サプライヤーの強みを生かしにくい領域であるため、最適な製品を見いだすことが鍵となる。

⑥ 非自動車サプライヤー型

第6は、自動車部品以外のサプライヤーになる方向性。個別の製品によって仕様の詳細は異なるものの、既存製品のカスタマイズで対応できる可能性があり、自動車で培った技術を活用しやすい領域である。

例えば、医療系製品や航空機・建設機械などに向けて、自動車と同様のサプライヤーになる方向性が考えられる。ただし、大半の産業は自動車と比べて生産数量が少ないため、自動車サプライヤーにとってはロット数が見合わない（自動車同様の生産効率を維持することが難しい）ことなどを念頭に置いておく必要がある。

ここまで見てきた6つのうち、③は競争環境が激しく参入障壁が高いが、④⑤⑥は新製品の開発による「モノ売り」であり、サプライヤーとの事業モデルの相性が良い。新規事業のアイデア出しのブレインストーミングなどをすると、最も多くのアイデアが出てくる方向性である。

ただし、④はマスマーケティングの観点から参入障壁が高い。⑤は機械系の技術的な強みを活用しにくい。⑥は生産効率の維持が困難といった課題がある。

これらの課題を解決できる最適な新製品を見つけられるとよいが、なかなか見つからない場合が多い。最初にうまくいったとしても、自社のユニークな技術を活用しきれていない場合、次のモデルで他のサプライヤーにスイッチされるリスクがある。

これを回避するには、自社のコア技術を同定した上で、試作品やテストマーケティングを繰り返す「仮説検証」の試行錯誤プロセスが不可欠である。安易な新規アイデア大会に終始するのではなく、新規事業を手掛ける以上、改めて自社の技術的な強みを再定義する必要がある。

⑦ エンジニアリング機能提供型

第7は、サプライヤーとして培ってきた開発技術を切り出し、外部プレーヤーに提供する方向性だ。欧州におけるESO（Engineering Services Outsourcing）企業のオーストリアAVLやドイツFEVなどの事業形態に近い。振動騒音など特定の技術領域に特化して、試験やCAE（Computer Aided Engineering）解析などを提供して開発支援を行う日系サプライヤーも登場している。技術領域にもよるが、対象市場は自動車市場に限定されない。

⑧ 生産ノウハウ提供型

最後は、サプライヤーとして培ってきた生産技術を切り出して外部プレーヤーに提供する方向性である。素材加工や加工機・金型の提供も含まれるが、生産ライン自体を構築するFA・ロボットSIer（Systems Integrator）などハードウエアを提供しない事業も対象である。7つ目と同様、技術領域にもよるが、対象市場は自動車市場に限定されない。

これらのうち⑦と⑧は、サプライヤーとして培ってきた開発技術や生産技術を事業機能として提供するコンサルティング型の事業である。必然的に自社の技術的な強みを活用することになる。また、自社の他部署が顧客と同じ位置付けとなるため、従業員レベルでの業務内容自体は大きく変わらない。ビジネスモデルの整備さえすれば、少ない初期投資で開始することができる。

ただし最大の課題は、未知の顧客ニーズをつかみ、提案型で解決策を提示することである。これまで長らく顧客（OEM）が出した仕様を満たすことに注力してきたサプライヤーにとっては、抜本的な意識変革が必要となる。正しいプロセスを踏めば、小さく始めて大きく育てる事業となりやすい領域でもある。ここで⑦と⑧の新規事業の先進事例を紹介する。

まず、エンジニアリング機能提供型について紹介する。ある内装系サプライヤーは振動騒音に関する要素技術を活用して、素材メーカーと合弁で車両の振動騒音を試験・評価・解析する新会社を設立した。日系サプライヤーは開発におけるOEM主導が長らく続いたこともあり、これまで欧州のような大手ESOが育ってこなかった。

しかし、第5章で論じた通り、CASE時代において開発工数は爆発的に増加することが見込まれている。日系OEMでも開発をアウトソースするニーズが高まっており、このニーズを捉えた成長市場における新規事業である。

次に、生産ノウハウ提供型についての事例を紹介する。ある排気系サプライヤーは生産ラインにおけるロボットのノウハウを活用して、自動車に限らず食品工場など非自動車も対象にロボットSIer事業を展開している。画像認識技術など自社のコア技術以外の技術領域は、他社との提携を通じて技術補完をしながら新規事業を展開している点がポイントである。

食品をはじめとした広義の製造業において、人手不足は年々深刻化している。ロボットを活用した省人化・無人化のニーズは、今後も増加し続ける可能性が高い。そのニーズを捉えた成長市場における新規事業である。

技術を活用した新規事業創出のアプローチ

新製品開発にせよ、コンサルティング型の事業提供にせよ、リソースが限られた（M&Aなどを簡単にできない）中堅サプライヤーが新規事業を創出するには、自社の技術的な強みを再定義する必要があるのは前述の通りである。その検討に当たり、当社ではMFTという方法論を用いている（**図8-3**）。

顧客は技術そのものではなく、技術が生み出す「機能（Function）」を買う。「機能」をブリッジとして市場（Market）と技術（Technology）をつなげる考え方がMFT方法論である。具体的には、自社の技術を

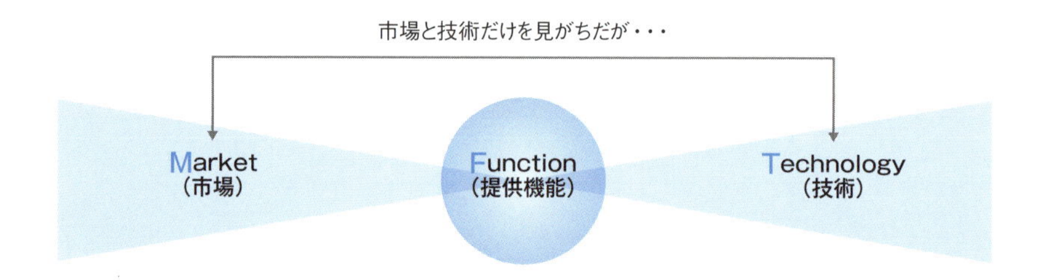

技術（T）基点に加え、市場（M）基点で技術を捉える

「市場」での顧客ニーズ充足が事業の基本である
・企業の役割は、市場において顧客ニーズを充足することにある
・近年は、特に顧客ニーズを洞察し対応する重要性が増している

従い、顧客ニーズへの対応が競争の鍵となる
・顧客ニーズ対応の巧拙が競争環境を左右する
・技術開発の方向性に織り込むことで迅速な対応が必要となる

機能（F）をブリッジとして市場と技術をつなげる

顧客ニーズを充足するのは「機能」である
・顧客ニーズが仕様として明示される場合を除き、「技術」は顧客ニーズを充足させる「機能」を生み出すための“手段”にすぎない

従い、顧客は「技術」ではなく、「機能」を買う
・「機能」によるニーズの充足により顧客は満足する
・顧客は購買において最小金額で最大「機能」を得ようとする

図8-3　MFTの方法論
（出所：ADL）

網羅的に棚卸し（数百個に及ぶことも多い）した上で、コアとなる技術を機能として昇華させ、前述した事業展開の方向性も見据えながら市場とマッチングさせていく手法である。

前述のロボットSIerの事例を、MFT方法論に基づき考察してみる。ある排気系サプライヤーは、精緻な溶接技術やプレス技術をはじめ、難加工を実現するロボットのティーチング力や良品廉価な部品を安定的に生産するラインの構築ノウハウなど、自動車サプライヤーとして培った高い生産技術を保有していた。この技術を「良品廉価を実現する生産システムの省人化」という機能に昇華し、労働力不足が深刻化する食品業界のロボット活用ニーズを充足させることで、新規事業創出につなげている。

それでも難しい新規事業、創出に向けた課題と施策

これまで、EV化の影響が大きい中堅サプライヤーにとっての新規事業創出をテーマに、事例を交えつつ事業拡大の方向性を提示し、技術と市場をつなげる方法としてMFT方法論を紹介した。このような系統的なプロセスを経ることで、天才的なひらめきが無くとも、幾つかの新規事業の仮説を立案することが可能になると考えられる。繰り返しになるが、アイデアマンやひらめきを否定するわけではなく、若手などからの斬新なアイデアは重用すべきである。

それでは、新規事業創出における課題は何か。確かに、筋の良い仮説立案も課題ではあるが、新規事業創出の際の最大の課題は「仮説検証型の事業開発の継続」である。

もちろん、対象市場の有望性や活用する技術のユニークさなど事業仮説の内容自体が優れているに越したことはないが、それにも増して事業開発を継続することが重要となる。これは成功するまで諦めないといった精神論ではない。仮説検証を繰り返し、常に仮説を良い方向

に更新し続ける活動の継続性を意味する。

仮説検証型の活動を繰り返すことができれば、初期仮説の筋が多少悪くても、いずれは有望仮説にたどり着くはずである。逆に初期仮説の筋がどれだけ良くても、最初から完全を求め過ぎると、仮説検証サイクルが止まり、机上の空論で終わってしまう。実際、そのような新規事業の仮説や検討の失敗は、枚挙にいとまがない。

新規事業は成功率が低く、どんなに事前に検討を尽くしたとしても、100年に一度ともいわれる変化の激しい現在の事業環境において、「やってみなければ分からない」ことは多い。投資を回収できる確率（成功確率）は1割未満とされる。成功確率を高めるためには、仮説・検証・評価・仮説修正を迅速に積み重ねることが有効である（**図8-4**）。

「引き際」を決めておくことも重要

新規事業の仮説検証サイクルの大半は生みの苦しみの連続でもあ

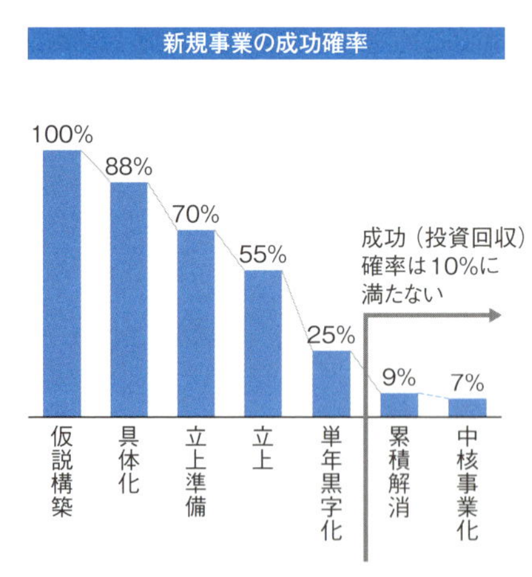

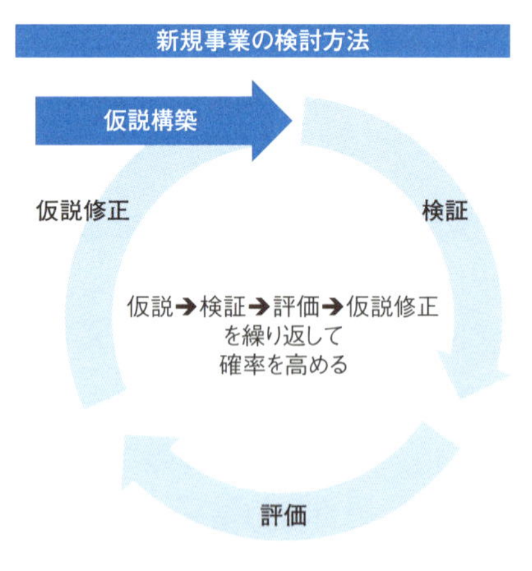

図8-4　新規事業の成功確率と検討方法
（出所：ADL）

る。兼務でできるほど簡単な仕事ではない。そのため、継続的な仮説検証を続けるためには専任の組織や担当者を決めて、一定期間、新規事業創出だけに専念できる環境を整える必要がある。

一方で、事前に引き際（撤退条件）を決めておくことも重要である。換言すると、一度やると決めたからには撤退条件（3年で黒字化しなければ撤退など）に抵触しない限りは多少進捗が芳しくなくとも、「はしごを外さない」ことも非常に重要である。

その際、新規事業はすぐに売り上げが立ちにくいため、事業進捗を計る非財務KPI（例えば顧客候補からの引き合い件数など）を設定しておくことが有効である。こうすることで、仮に売り上げゼロの状態が続くような場合でも、引き合い数は増加しているなどの具体的な進捗を客観的に測定することが可能となり、改善方針も具体的になる。

また、自社単独での新規事業創出の難易度は高く、時間も要するため、競争領域と協調領域を見極めた上で、エコシステムを構築していくことも重要である。実際、先進事例として紹介した前述の内装系サプライヤーや排気系サプライヤーも、素材や画像認識など、自社のコアではない領域においては協業を通じて技術補完をしながら新規事業を展開している。

加えて、マネジメント層には、挑戦の結果の失敗をとがめない胆力も求められる。新規事業に失敗はつきものである。「見逃し三振」（何もせずに新規事業が生まれない状態）は論外だが、「フルスイング（しかるべき行動）」をした結果の三振（失敗）には、「ナイススイング（よく頑張った）」とマネジメント層が言えることこそが仮説検証型の検討の継続につながり、未来の「ホームラン」（次世代の基盤事業）を創出できるのではないだろうか。

本章では、中堅サプライヤーにとっての新規事業創出について、考え方や方法論、およびその課題を論じた。冒頭にも述べた通り、

OEM以上の研究開発費を要するメガサプライヤーと中堅サプライヤーにとっての新規事業創出の位置付けは大きく異なる。次章では、CASE時代において異次元の競争が求められているメガサプライヤーにとっての新規事業創出について紹介する。

第9章

新規事業の成功率はわずか1割

②メガサプライヤー編

新規事業の成功率はわずか1割（②メガサプライヤー編）

CASE時代における事業成長に向けた取り組みの1つである新規事業の展開は、多種の部品を手掛けるメガサプライヤーとコア技術に立脚して事業展開を行う中堅サプライヤーとではその位置付けが異なる。第8章では、中堅サプライヤーの新規事業探索のアプローチとその取り組みの指針を示した。

第9章では、メガサプライヤーを対象にその置かれた状況やメガサプライヤーならではの新規事業創出の難しさに触れる。その上で、あるべき取り組みの方向性を中堅サプライヤーや完成車メーカー（OEM）にも応用可能な部分を織り交ぜつつ論じる。

メガサプライヤーは豊富な技術・事業基盤を有し、多種の製品を手掛けている。CASE時代において悪影響を受ける事業はあるが、変曲点を捉えてさらなる成長を作る素地も大きい。

一方、既存プレーヤーからの圧力や新規プレーヤーからの圧力を受け、競争環境は日に日に厳しさを増している。自社らしい立ち位置を形成するには、既存事業の強化に加えて、新たな事業の創出が必要になる（**図9-1**）。

メガサプライヤーを取り巻く競争環境の激化

ここで取り扱う「新たな事業の創出」は、第6章で取り上げたシステム化・ソリューション化の概念も含むが、参入済みの市場や顧客向けの事業だけではなく、より広義に非自動車業界も含めたものを対象とする。

新規事業の示す範囲は広い。どの程度の飛躍感を持った事業創出を目指すかの合意形成も重要になるが、これは本稿における主論ではない。今回は新規事業を「広義で既存事業から技術や市場の面で離れた

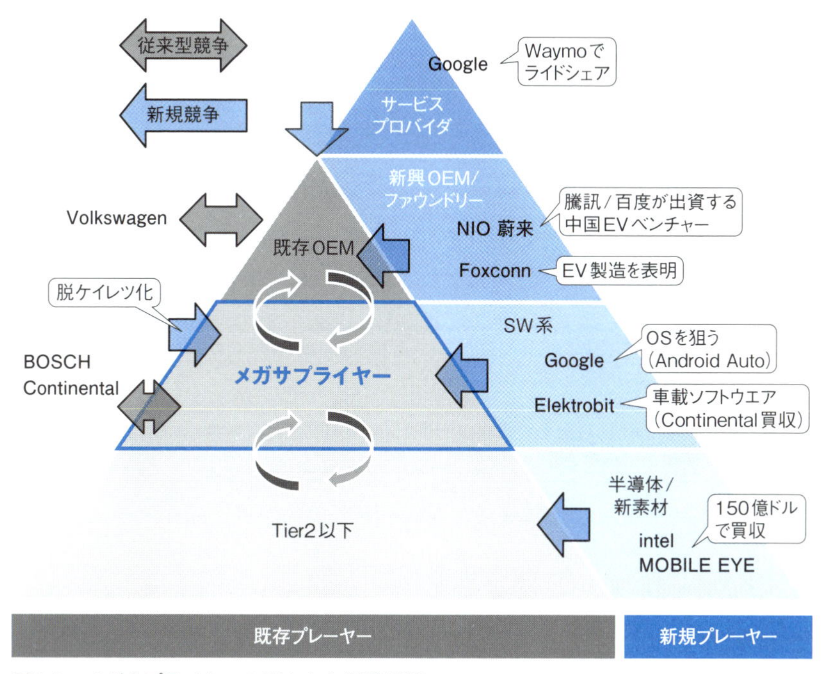

図9-1　メガサプライヤーの置かれた事業環境
（出所：ADL）

事業を創出すること」と定義する（**図9-2**）。

新規事業創出の落とし穴は2つある

豊富な技術・事業基盤を持つメガサプライヤーは、新規事業創出の引き出しを多く持つように思えるが、実はそこには大きな落とし穴が2つある。

第1は、手掛ける事業領域が広く企業規模が大きいために、新規事業に求められる事業規模への期待も大きく、生半可な事業構想や計画では活動に結びつけられない点である。ましてや、非自動車産業での新規事業創出ともなれば、自動車産業との規模の差も加わる二重苦の

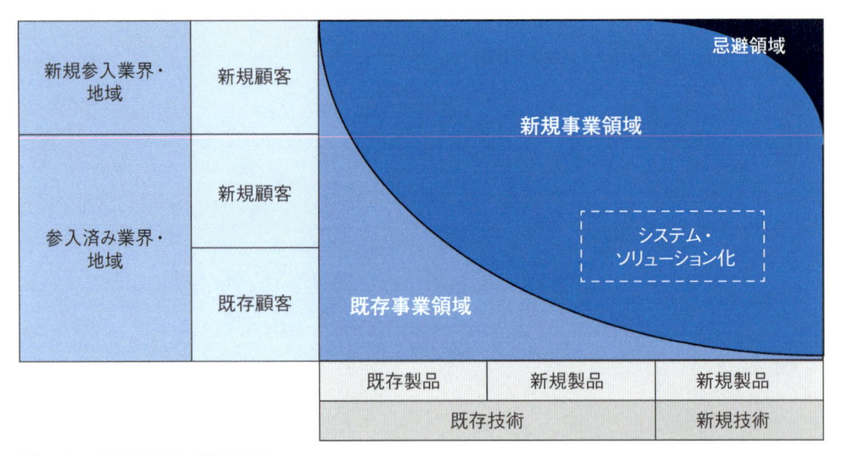

図9-2　新規事業の領域定義
（出所：ADL）

状況であり、かなりの難しさが伴う。

第2は、手掛ける製品領域が広く多岐にわたるために、事業部間における横の連携が図りにくく、個々の事業部単位での検討に陥りがちな点である。第6章のシステム化・ソリューション化とも通ずるが、1つの事業部での検討では豊富な技術・事業基盤が宝の持ち腐れになり、メガサプライヤーならではの強みを生かした事業創出につなげられない可能性がある。その結果、既存事業の取り扱い商品のアイディアから生まれた“小粒な”事業構想になりがちである。

メガサプライヤーの採るべきアプローチ

こうした落とし穴を踏まえると、メガサプライヤーは自社の総合力を武器に規模感のある骨太な事業構想を描いていくことが求められる。これには、根底にある自社固有の強みを事業部横断で同定し、価値創造の基盤（イノベーションプラットフォーム）として定義・育成していくことが一歩目となる（**図9-3**）。

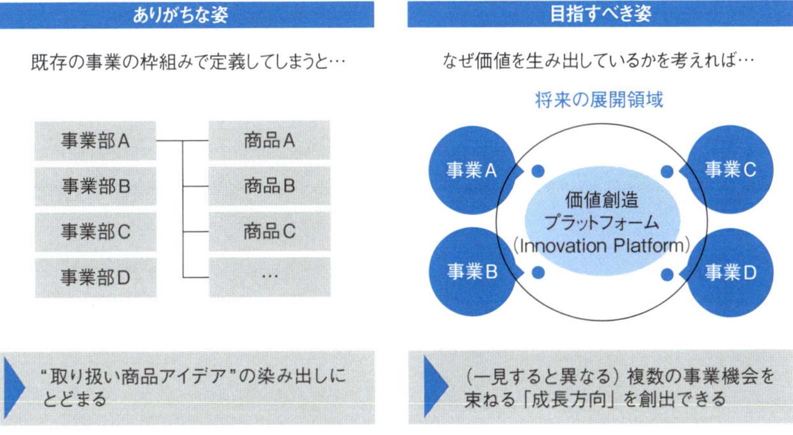

図9-3　組織横断で価値創造基盤を定義する重要性
（出所：ADL）

イノベーションプラットフォームは、自社の価値創出のメカニズムを言語化するものである。自社の基底部分に存在する「価値」観、強み創出の源泉となる「資源」、資源を生かして価値を生み出す「能力」の3階層と、その連鎖による価値創出の仕組みを全社横断的にとらえて定義する（**図9-4**）。

ここには、第8章で触れたコア技術をテコにした新規事業で出発点とする技術プラットフォームも含まれており、広義に企業の価値創造の構成要素とその連関性を捉えている。イノベーションプラットフォームを定義することは、事業部門間の連携がとれていない中堅サプライヤーにも有効なアプローチである。

イノベーションプラットフォームを事業創出に向けた「ぶれない軸」とし、外部環境への認識と照らし合わせ、自社ならではの「実現したい世界観（View of the world）」を描画する。その世界観の実現に向けて個々の事業創出・強化活動を位置付け、骨太な成長シナリオを描いていくことが、メガサプライヤーにとって有効な新規事業創出

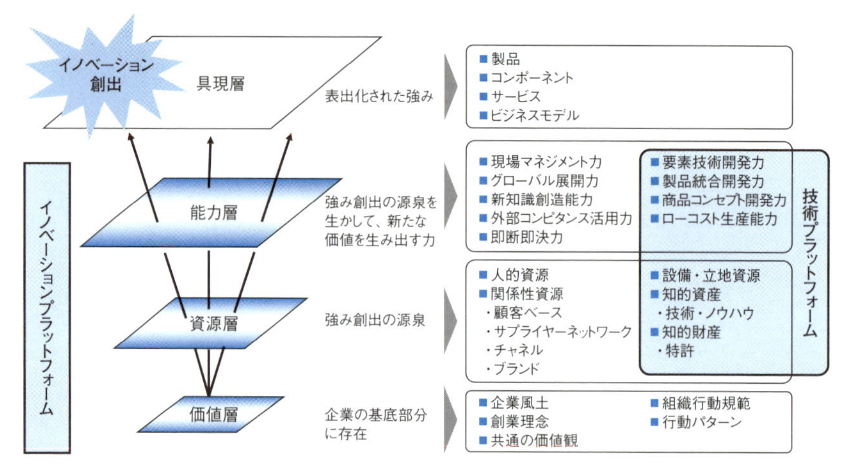

図9-4　価値創造基盤を定義するための視点：イノベーションプラットフォーム
（出所：ADL）

のアプローチとなる（**図9-5**）。

このアプローチにおいては、実現したい世界観を顧客価値の観点で「自ら描く」ことが成否のカギとなる。多くの企業では新規事業を検討する際に、外部の調査機関や識者から発信される将来予測データを基に外部環境を認識し、自社で対応できる取り組みを構想してしまっている。

この種の予測データの積み上げから構築される将来像はおおむね、誰にでもアクセスできるものである。未来でありながらも、既にレッドオーシャン化した市場（競合が多く、競争が激しい市場）ともいえる。

このアプローチは、検討すべき要素の一部ではある。それに加えて、与えられた将来像を参考にしながら、自社ならではのイノベーションプラットフォームを踏まえて自社の「世界観」を描画し、その世界観に沿って価値訴求を行うことが企業の価値創出の重要な源泉となる。

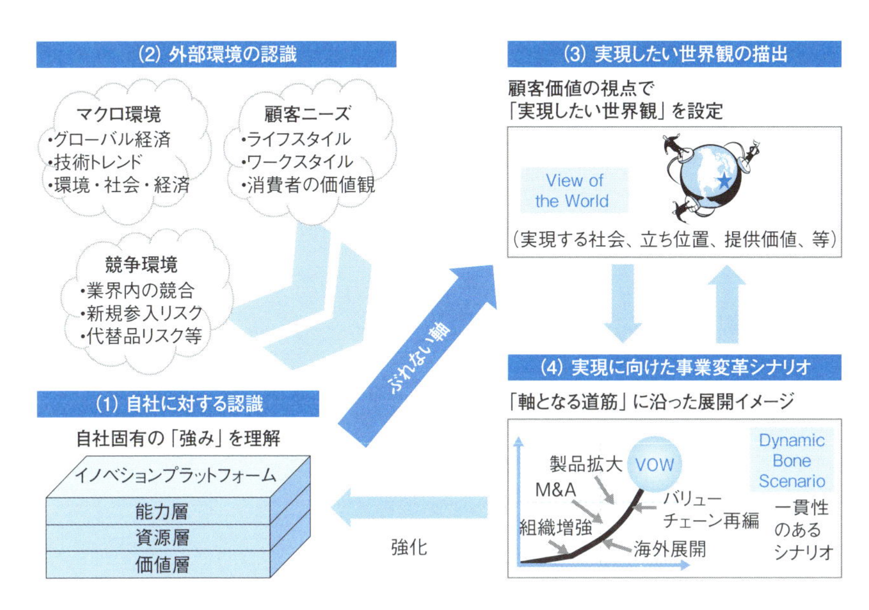

図9-5　価値創造基盤に基づく自社ならではの実現したい世界観の描出
（出所：ADL）

新規事業における立ち位置の在り方

自社の実現したい世界観を描画するには、実現する社会像を描くとともに、自社の立ち位置や顧客価値を定義していくことが必要となる。メガサプライヤーは、多様な技術・事業基盤を有するために、社会像の可視化を推進する主体としてサービスプロバイダーや完成品システム提供などの立ち位置も取り得る。

例えば、自動車業界における新規事業は、サプライヤーのポジションにとどまり、非自動車業界における新規事業は、可能な限りサービスプロバイダーや完成品・システム提供のポジションを視野に入れていくことも考えられる。

サービスプロバイダーのポジションを取ることは、エンドユーザーとの接点強化によるニーズの吸い上げ力や、サービスプラットフォーム構築による大きな収益源の確保など魅力的に見えるが、(1) サービスの導入から利益の確保までの時間軸の長さ、(2) プラットフォームの構築・強化に向けた過剰な先行投資リスク、(3) 物理的サービスにおける汎用化の難しさに起因する多拠点展開の手間――というデメリットがある。

このうち (1) については、部品の量産を強みとし、売り切りモデルを採るメガサプライヤーの場合、一般的に黒字化までの期間が短期である製品が多い。これに対してサービスプロバイダーの場合は、開発・設備投資の負担が大きく、サービス普及まで収益も不安定であることから、黒字化までの期間が長期化する傾向にある。

資産効率を改善するために、資産のリース化によってオフバランス（資産や取引などを事業の財務諸表に記載しない状態のこと。）化するなどの工夫の余地はあるが、それでもサービスが普及するまで時間を要するため、利益確保まで長期化は避けられない。事業継続を判断する方法を変えないと事業の実現・継続が難しい。

(2) については、先行投資によって優位的なプラットフォームを構築できれば、大きな利益を上げられる可能性はあるが、サービスプラットフォームを広く普及させるには、顧客の囲い込みや事業エコシステムの形成に多大な先行投資が必要となる点が課題である。

しかも、米ウーバー・テクノロジーズ（Uber Technologies）や米リフト（Lyft）のように、複数の有力プラットフォーマーが存在すると、競争激化により収益性の悪化を招くことも多い。

(3) については、特に自動車のように実世界で走行するものを対象としたサービスでは、導入先の地域の地理構造や人口構造、交通環境によって、サービスの在り方を最適化することが求められ、各地への展開に向けて地道な導入・普及活動が必要となる。

収入源を多様化する重要性

デジタルコンテンツのように世界標準でサービス導入できるものであれば、サービスプロバイダーとして広範囲で事業化できる。ただ、実世界でサービスプロバイダーを手掛けるには、手間をかけるに見合うだけの収入源をサービス提供以外でも持っているプレーヤーでなければ難しいだろう。

これはOEMにも当てはまる。サービスプロバイダーのポジションを取るだけではなく、サービスの実現に向けてカギとなる車両を構想し、その車両を提供していく立ち位置も視野に入れるべきである。

それでは、メガサプライヤーが非自動車産業に進出する場合はどうか。この場合は一般的に、自動車業界に比べて期待される市場規模が小さくなる傾向にある。

事業規模の獲得やサービス提供者としての事業モデルの経験を積み将来の成長余地を広げるためにも、サービスプロバイダーや完成品のシステム提供まで手掛けることを視野に入れていくべきだろう。事業規模が小さいために、自動車業界に比べて投資リスクを抑えながら、サービスプロバイダーや完成品システムの経験を積むことができる点も有利に働く。

これまで、自社の価値創造基盤に基づいた実現したい「世界観」の構築による新規事業の創出アプローチと、その取り組み方を論じてきた。ただ、新規事業の創出には外部からの新規技術の導入を起点としたアプローチもある。次章では、オープンイノベーションやコーポレート・ベンチャーキャピタル（CVC）を活用した新規事業の創出や技術基盤の強化について取り上げたい。

第10章

CASE時代のイノベーションマネージメントとは

CASE時代のイノベーションマネージメントとは

いま、イノベーションという文脈で何が起こっているか。過去数百年の工業化時代を経て、「利便性の追求」という観点での基本的なニーズが満たされ、多くの製品がコモディティー化しつつある。こうした状況の中、多くの企業がイノベーション創出の重要性を認識するところとなっている。一方、そのイノベーションの意味合いや「起こし方」、すなわちイノベーションマネージメントの手法が時代とともに変化してきているという事実は、あまり認識されていないように思われる。

CASE時代において、これまでと異なる価値創出を求められているモビリティーサプライヤーの事業展開を考える上では、「どのような世界観を実現するか」という第9章の視点に加え、「どのように実現するか」というイノベーションマネージメントの視点も重要である。第10章では、今の時代に求められるイノベーションマネージメントの手法と、その具体的な施策例としてのCVC（コーポレート・ベンチャー・キャピタル）やアクセラレータープログラム活用の要諦について論じる。

イノベーションの重要性の認識が浸透したこの30年間で、イノベーションのモデルは大きく分けて「性能進化モデル」「顧客協創モデル」「エコシステムモデル」という3つのステージで進化してきた。

イノベーションモデルの変遷

かつて、顧客のニーズが明確かつ共通的であった時代には、イノベーションとは「ある決まった性能軸での飛躍」=「性能進化モデル」であり、その実現においては社内技術開発のマネージメントが重要であった。すなわち、目標性能に対して「いかに効率的に革新的なアプローチを探し出し、量産にこぎつけるか」がマネージメントの主眼であった。多くの日系企業のイノベーションマネージメントはこのときの成功体験をベースとしており、必要性能が定義されれば非常に強い力を発揮することが特徴である。現在でも、性能軸での飛躍がKSF（Key Success Factor）となっている電子部品や一部の機能材料においては、日系企業は高い競争力を維持し続けている。

これに対して2000年以降になると、価値観の多様化に伴い、顧客自身も何が必要かを明確に定義することが難しくなり、顧客の潜在的な悩みを捉え、それに対してソリューションを提供する「顧客協創」が新たなイノベーションモデルとして加わった。このモデルにおいては、要素技術の革新性やその実現の速さというよりは、顧客との関係性や顧客情報のマネージメントが重要である。ソリューション提供を実現するためのプロダクト連携やシステム連携はもちろんのこと、企画提案力や機動力をどう実現するかまで含めて自社の勝ち方を描くことが必要になる。

マーケットイン型でソリューション提供を志向する日系企業もこれに該当すると捉えることもできるが、このモデルが別次元のインパクトをもたらすのは「データ」と掛け合わされた場合である。米ゼネラル・エレクトリック（GE）やドイツ・シーメンス（Siemens）、オランダ・フィリップス（Philips）などの企業は、その意味において先進的な取り組みを継続している。BtoBの中でも特にデータ活用の重要性の高い産業機械や医療などの領域において、プレゼンスを高めることに成功している。コマツも、「KOMTRAX」を通じて建設機械の領域での自社の影響力拡大を実現している。

「エコシステム」が新たなモデルに加わる

前述した「性能進化モデル」や「顧客協創モデル」は領域によって

はまだ競争力を持つが、自動車業界の今後という観点で重要なのは、第3のモデル「エコシステムモデル」である。

このモデルの最も分かりやすい事例は、米ウーバー・テクノロジーズ（Uber Technologies）のサービスである。同サービスが提供する基本機能は、運転者とユーザーのマッチングである。ただ、同社はその事業展開の過程で、都市と交通をこれまでとは異なるアプローチでマッチングさせることによる経済インパクトを見抜き、自らが主導してその経済圏（＝エコシステム）を拡大してきた。

トリップアドバイザーとの連携による移動の動線づくりや、飲食業界と連携したフードデリバリーサービス、都市交通とのデータ連携などがその事例である。Uberはそれらの活動を通して、モビリティーの意味合い（世界観）を広げつつ、あらゆるステークホルダーを巻き込むことにより提供サービスのインパクトを高め、結果として自社の影響力を高めてきたと言える。

社会や産業システムを再定義する

同様のことは、「MaaS（Mobility as a Service）」の領域においても志向されている。「マルチモーダル連携」に代表されるような交通サービスの中での連携はもちろんのこと、不動産やヘルスケアといった異業種まで連携の対象を広げることにより、移動の価値そのものを広げ、結果として自社の影響力を高めている。トヨタ自動車とソフトバンクによるMONET Technologiesも、同様の試みと言えよう。また電動化の流れの中でも、モビリティーと都市、エネルギーのプレーヤーが複合的に連携して価値提供を行うことにより、経済インパクトを高める動きが顕在化している。

これらビジネスの本質は、性能や顧客との関係性といった既存の枠組みの中での革新性ではなく、「社会や産業システムそのものを再定義する」ことの革新性により新たな価値をもたらしていることである。このモデルにおいては、技術はあくまでアーキテクチャーの再定義を実現するための1つのパーツである。より重要となるのは、先のUberやMaaSの事例が示すように、サプライヤーや競合企業、国や自治体といった周辺プレーヤーとの関係性まで含めて新たな枠組み／アーキテクチャーをデザインする力や、それを実行していくための組織マネージメントである。

競争力を生み出すための経営資源の在り方は、それぞれのモデルで異なる。特に、投資ポートフォリオ（カネ）、人材・組織体制（ヒト）についてはモデルごとにドラスチックにマネージメント手法を変える必要がある。インパクトあるイノベーション創出に向けて、これらへのてこ入れが不可欠である。既存社会の限界が見えつつある今、このエコシステムモデルでのイノベーション、およびそのモデルを見据えたイノベーションマネージメントの重要性が急速に高まっている（**図10-1**）。

イノベーションマネージメントの要素モデル

それでは、実際のマネージメントにおいて、どのような要素を考える必要があるのか。**図10-2**に、イノベーションモデルの変化がもたらすマネージメントの変化を概念的に示す。従来型と進化型のマネージメントで大きく異なるのは、以下の2点である。

(1) これまでは研究開発の「前提」であった社会トレンドや課題自体を、今後はマネージメントの対象と捉え、開発の中でアップデート・再定義しながら進める必要があること

(2) 人材・技術といった「開発リソース」、それを実施する「場」、

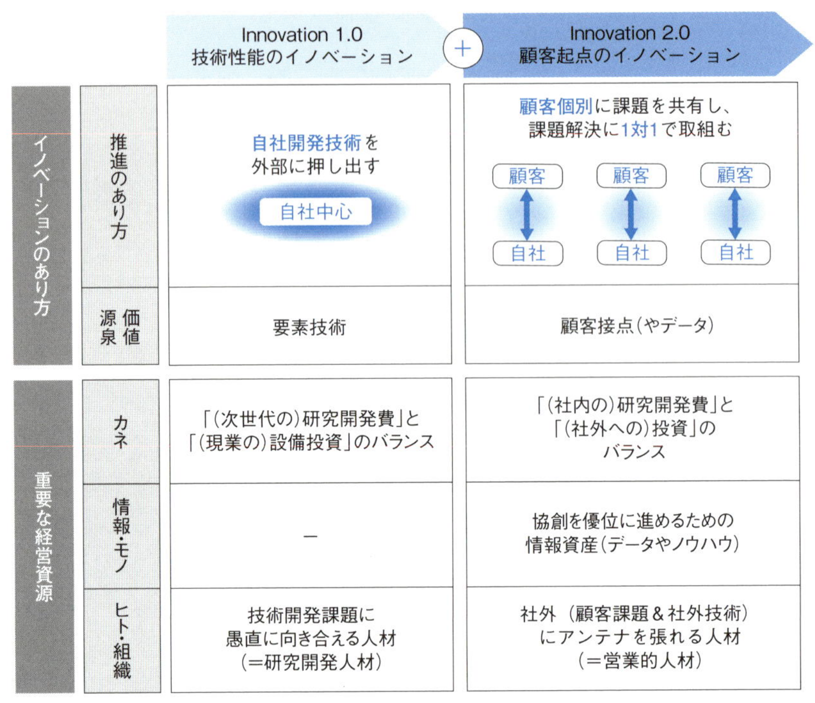

図10-1　イノベーションモデルの変化と経営資源の変化
(出所：ADL)

および「進捗管理手法」（ウオータフォール、アジャイルなど）を、開発のステータスや領域によって柔軟に使い分けながら価値を創出していく必要があること

これは、全ての企業において従来型から進化型へのシフトが必須であることを意味しない。日系企業は、「必要性能が定義されれば非常に強い」というマネージメント手法（従来型）での成功体験を数多く蓄積している。また、国民性としてもそちらの方がより親和性が高いため、完全に進化型に移行するよりも、従来型で戦える領域を狙うという考え方も十分にあり得る。

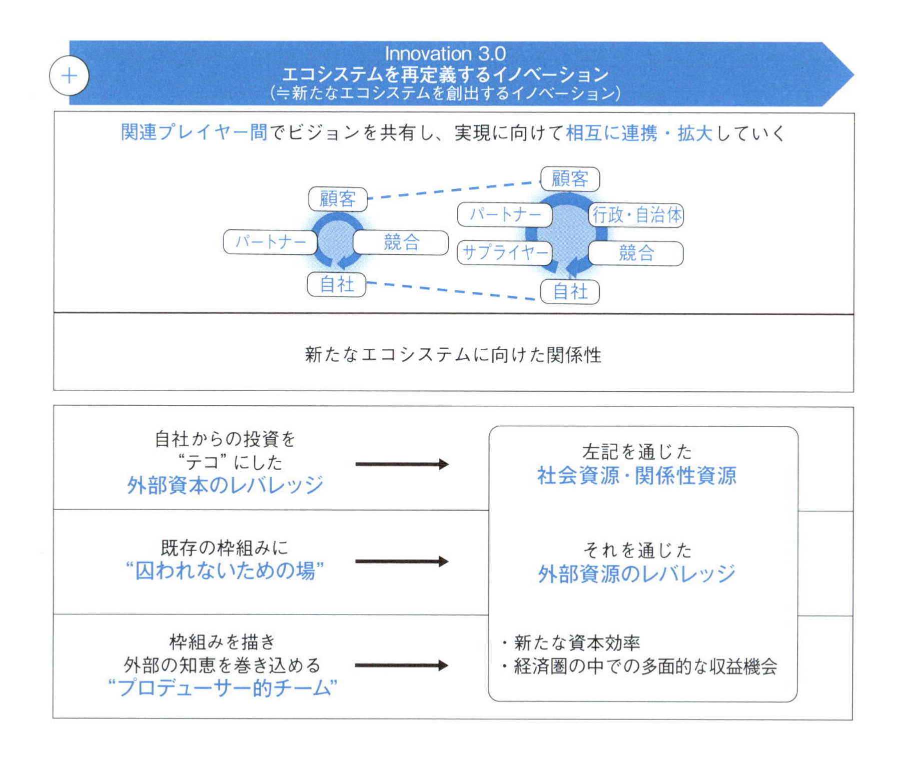

ただ、近年の流行施策（CVC、アクセラレータープログラム、大学との包括提携、イノベーションハブなど）の多くは、進化型のマネージメントから出てきたものである。根本の思想が従来型の世界観に根差している組織にそれを当てはめても、うまくいかないという点は理解しておく必要がある。

進化型のマネージメントを考える場合、その要素モデルは**図10-3**のように考えることができる。

図10-3の両側は、捉えるべき外部環境である。これまでは、「目の前の顧客が何を考えているか」、もしくは「競合企業が何をしているか」が重要であった。今後はより広く「社会はどのように変化してい

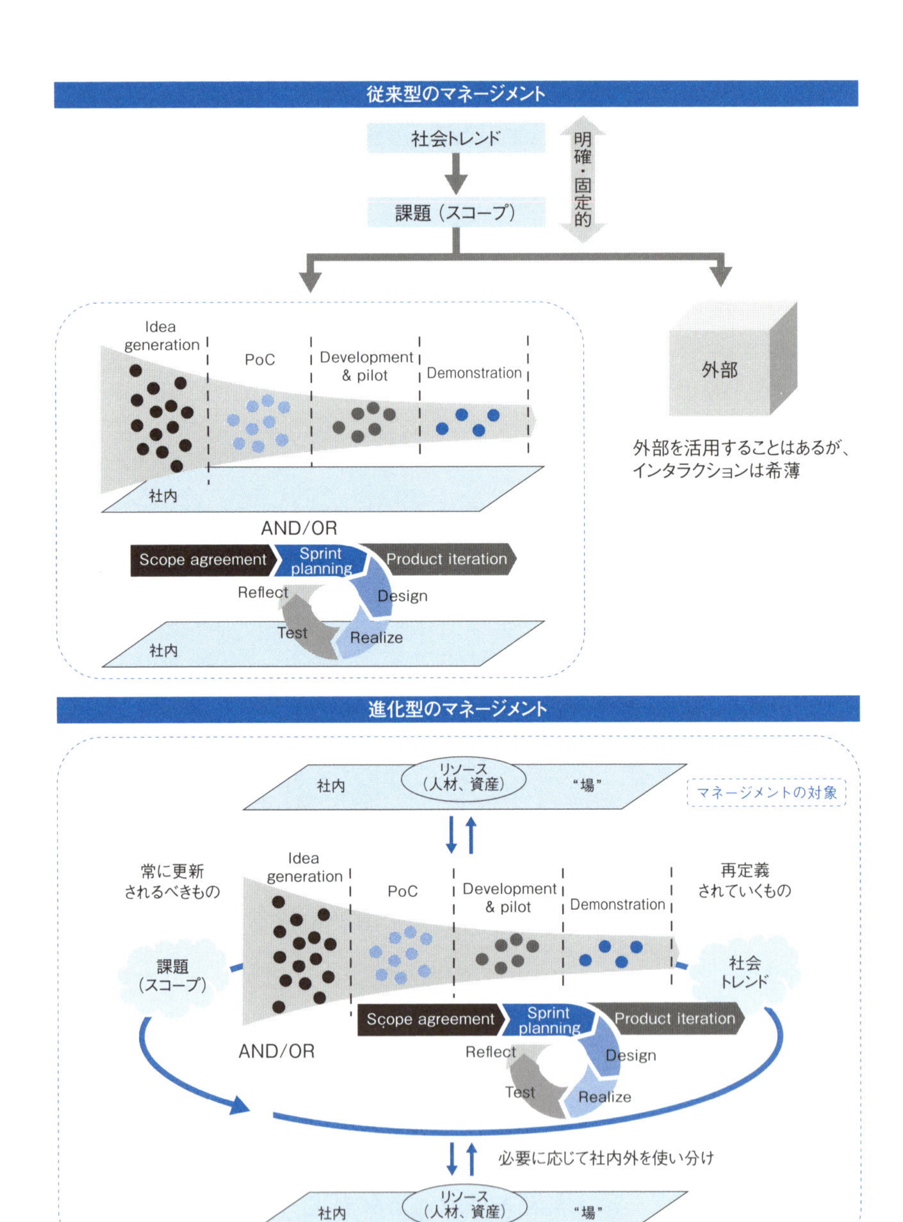

図10-2　イノベーションマネージメントの変化
（出所：ADL）

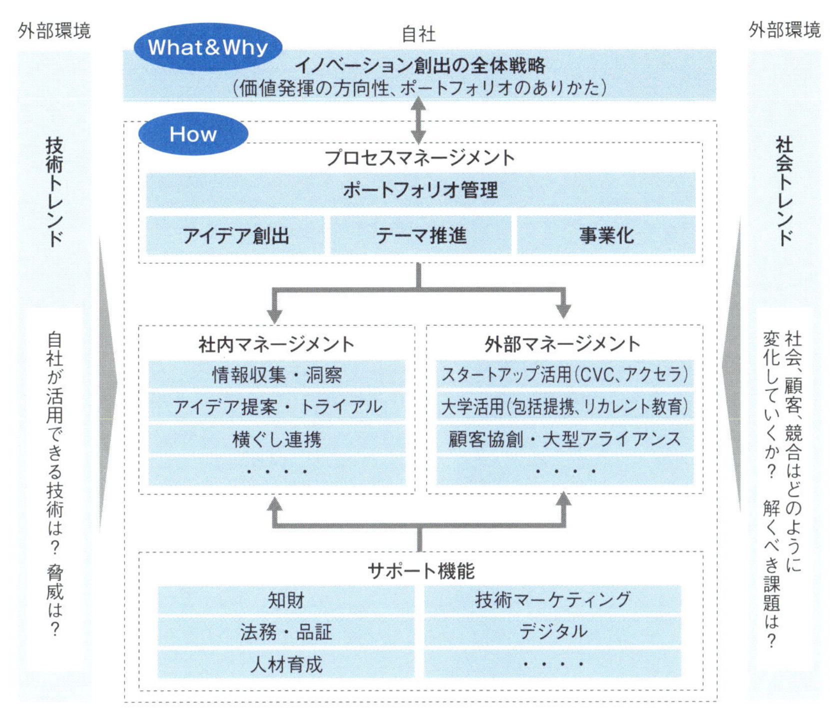

図10-3　進化型イノベーションマネージメントの要素モデル
（出所：ADL）

くか」「技術はどう進化していくか」への目配せが必要となる。前述したエコシステムモデルでのイノベーションを見据えると、社内社外・新旧含めて広く技術を俯瞰（ふかん）し、「自社との掛け合わせで世の中を再定義できないか」という視点での戦略発想がないと、大きなインパクトをもたらすことはできない。そのインパクトを正しく見積もるためにも、広く社会の潮流や課題を捉えておく必要がある。

イノベーション創出の全体戦略を描く

さらに重要なのは、それが開発の中で常にアップデートされることを前提として、テーマ設定や優先順位付けを行うことである。「市場はあるのか」というのは、課題が固定的な場合の問いである。

エコシステム型イノベーションにおいては、「どのようなインパクトをもたらしたいのか」「そのために、どのように市場を創造していくべきか。自社の期待役割は何か」を問い、それをテーマ設定や優先順位に反映することが望ましい。これら踏まえて導出される自社としての価値発揮の方向性や注力領域が、「イノベーション創出の全体戦略（What & Why）」である。

こうした全体戦略に基づき、自社のポートフォリオ（事業・技術基盤および開発テーマ）はどうあるべきか、またそのポートフォリオを実現する各プロセス（アイデア創出、テーマ推進、事業化）はどうあるべきかを設計する。その際に重要なのは、ポートフォリオの「かたまり」ごとに、管理（進捗管理、リソースアロケーション管理、リスク管理など）や開発推進の押さえどころ、アプローチが異なるという前提に立つことである。

ポートフォリオの軸としては、顧客（OEM、新興サービサー）、自社提供価値、事業成熟度（ライフサイクル上の位置付け）、事業レイヤー（材料、部品、ソリューション）などが想定されるが、それぞれで外部関係性や成功確率、リスクは異なる。そのため、それぞれに合わせて柔軟に管理・開発推進の在り方を変えることが重要である。それが今の時代のイノベーションマネージメントの難しさ・腕の見せどころであるとも言える（**図10-4**）。

このようなポートフォリオマネージメントの意識なしに、CVCやアクセラレータープログラム、大学との包括連携といった流行施策に飛びつくと、目的が曖昧なために判断を誤りやすい。例えば、CVCを（前述したポートフォリオの軸で定義される）どのセグメント向けに活用しようとしているかによって、ベンチャーの技術や事業計画の

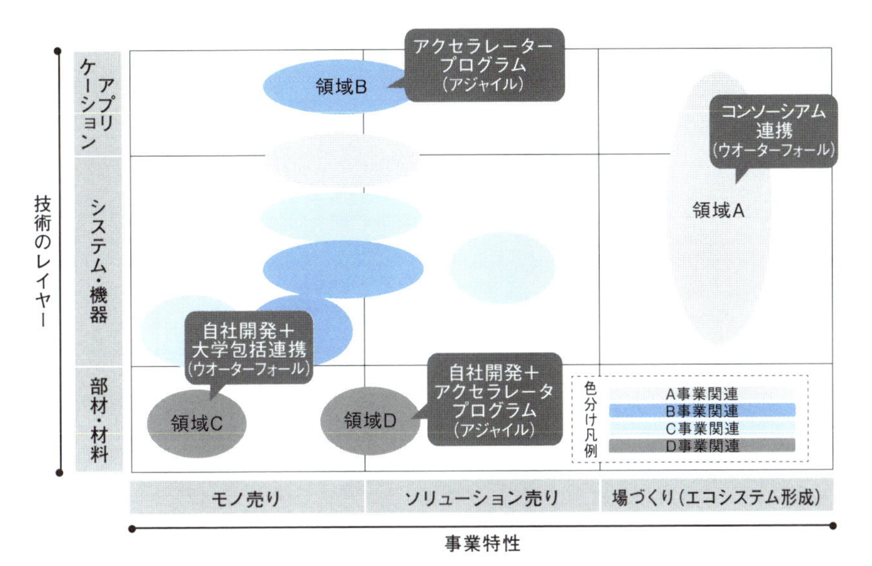

図10-4　ポートフォリオマネージメントのイメージ
（出所：ADL）

捉え方は大きく変わる。長期的に見ると大きく化けるアイデアの獲得のために活用したいのに、目先の1～2年のP/L（損益計算書）に蓋然性を求めるのは本末転倒である。

日本ではベンチャーキャピタル（VC）が比較的短期目線の投資を好み、その方法論が広く流布している。そのため、事業会社が行う投資においてもその影響が色濃く残り、このような判断ミスが各所で起こってしまっている。大学と企業の連携においても、目的よりも方法論が先行し（もしくはマネージメントという意識が希薄なために）、判断を誤っているケースを多数見かける。

続いて、各領域の押さえどころやアプローチを踏まえ、それを支える知財戦略や人材育成指針などを具体化していく。それぞれの領域の課題意識に応じ、ルールや指針を変える柔軟性が必要だ。特に近年重要と感じるのは、法務・財務・知財周りの柔軟性である。試行錯誤が必要なアイデア創出の段階で、法務・知財に関して既存事業と同じルールを当てはめてしまい、そこで立ち往生しているケースは非常に多い（ある大企業では、ベンチャー企業との秘密保持契約の締結に1年を要したというエピソードもある）。

その意味では、これはイノベーションマネージメントだけでなく、経営戦略にも関わる問題である。企業としてイノベーションを志向するのであれば、研究開発部門の改革だけではなく、法務・財務といったコーポレート機能全体に柔軟性を持たせる経営判断が必要と考えるべきであろう。

以上のような基本思想を踏まえ、進化型マネージメントの代表的施策であるCVCとアクセラレータープログラム活用の要所について、以下に簡単に述べる。

CVC活用の要諦

近年、業界問わず、多くの企業でCVC活用が進められている。CVC投資は、米国ベンチャー投資の中でも既に20％近くを占める割合に達している。ベンチャー企業にとっても重要な資金調達元となっている。一方、「CVCで成功しているところはどこか」という問いがいまだに多いことから、少なくとも日本においてはその意味合いや位置付けが正しく理解されていないようにも思われる。

CVC投資において何よりも重要なのは、目的の明確化である。「投資から経済的なリターンを重視するか」「自社事業への貢献性を重視するか」という「ファイナンシャル、あるいはストラテジック」の軸のみが語られがちであるが、明確化すべきなのはその軸だけではない。例えばベンチャー企業には日々、多くの企業が接触を試みるため、自然と情報が集まりやすい。技術開発動向だけでなく、各業界のプレーヤーの動きや目論みなどは、大企業よりもベンチャー企業の方が見通せていることが多い。

投資家という立場を取ることにより、そうした情報を得やすくなることは大きなメリットである。また、大企業とは全く異なるダイナミクスで動くベンチャー企業やその周辺のエコシステムとの接点を持つことにより、大企業側の戦略やマインドセット、ビジネルモデルに良いフィードバックをもたらすことができる。

これらの効果は、定量化しにくいが故に軽視されがちであるが、第1の目的として掲げてもおかしくない。実際にこれを目的としている企業も多い。また先に述べた通り、時間軸（≒不確実性）や領域（コア周辺、あるいは新規）をどこに設定するかを明確にすることも重要である。

これらの目的が明確になって初めて、「社内組織にすべきか独立させるべきか」「意思決定のレポートライン」「対象とする投資ステージ」「出資比率」「期待リターン（IRR）」などの項目や、CVCの「成功」を測るためのKPIを設計することができる。逆に言えば、CVCが成功しているかどうかを測る一般的な指標はないと捉えるべきである。

「CVCに興味はあるが、大型投資になるためハードルが高い」と敬遠される場合もあるかもしれないが、近年はその持ち方も多様化している。例えばフランスの重工メーカーであるシュナイダー・エレクトリック（Schneider Electric）は、CVCを単独保有からフランス・アルストム（Alstom）やベルギー・ソルベイ（Solvay）との共同出資ファンドに体制を変更し、他社の知見を有効活用することで幅広い技術への投資を行っている。

また（少し意味合いは異なるが）、ある領域に特化して設立されたVCに対してリミテッドパートナー（LP）として参画するという形態もある。もちろん、先に述べた目的に合致しない形態での出資は避けるべきであるが、ベンチャーエコシステムへのアクセスを第一義に置くのであれば、自社単独で持つ必要性はさほど高くない。CVCは、目的さえ見失わなければ自社の不足を補うアプローチとして有用であり、今後も活用されていくべき施策であろう。

アクセラレータープログラム活用の要諦

アクセラレータープログラムは、CVCとセットで語られることが多いが、その意味合いは大きく異なる。

アクセラレータープログラムは「アクセラレーター」が意味する通り、スタートアップがアクセル全開で短期間に急成長をするために、大企業やVCなどがリソースや資金面で支援するプログラムである。大企業やVCはその見返りとして、新規事業のシーズ探しやエクイティを手に入れることができる。

つまり、両者の目的は異なるが「Win-Win」の関係を目指して行うものである。そのため、開発が長期化しやすい製造業の既存領域における研究開発との適合性は決して高いとは言えない。ただし、モビリティー領域においても活用の余地がないわけではなく、実際にアクセラレータープログラムを活用する事例が増加しつつある（**図10-5**）。

サプライヤーのアクセラレータープログラム活用においては、製品の提供価値の根幹をなす「コア」要素の開発に活用するのではなく、その「ソリューション化」や「提供価値拡大」に活用するという意識を持つことが重要である。「コア」要素は、ベンチャー企業の技術をベースとしていても、大企業の技術をベースとしていてもよい。いずれにしても「コア」そのものを、アクセラレータープログラムで開発しようとしないことである。

製造業、特に自動車部品のような領域のコア要素の開発に対して、アクセラレータープログラムの時間軸や予算感は現実的ではない。一

プログラム名	主催企業	開催年
トヨタ IT 開発センターコラボ	トヨタ IT 開発センター	2015 年
オリックス自動車コラボ	オリックス自動車	2016 年
Tokyo Metro Accelerator 2016	東京地下鉄	2016 年
SEINO Accelerator 2017	セイノーホールディングス	2017 年
ヤマトグループアクセラレーター 2017	ヤマトホールディングス	2017 年
フジクラアクセラレーター 2017	フジクラ	2017 年
Tokyo Metro Accelerator 2017	東京地下鉄	2017 年
DENSO ACCELERATOR	デンソー　※自動車以外の領域	2018 年
NOK ACCELERATOR	NOK	2018 年
プロトリオス Accelerator	プロトリオス	2018 年

図10-5　モビリティー領域におけるアクセラレータープログラムの事例
（出所: Creww）

方、「ソリューション化」や「提供価値拡大」は、ある程度短期間・低予算で実証を行いやすい。また、試行錯誤が重要であるため、アクセラレータープログラムとの適合性は高い。特に、早期の進退判断が肝である新領域（ヘルスケアや農業など）への進出や次世代モビリティー向けの新しいサービスの開発においては、有効性が高いとみている。

マネージメントの観点で重要なのはKPI設計だ。特に、「失敗の許容」の重要性は高い。多くの企業では、こうしたプログラムへの投資に対して既存事業テーマと同等のリターン（成果）を期待しがちである。

しかし、新規事業の成功確率が一般的に1割と言われていることからも分かるように、新規事業と既存事業はダイナミクスが大きく異なるものであり、同じ指標で判断をすべきでない。それを頭で理解するだけでは不十分で、実際にKPIも明確に変えるマネージメントを行わなければ、新しいチャレンジは生まれてこないだろう。

アクセラレータープログラムの本来の目的に立ち返り、「できないことが分かった」ということも1つの成果であると捉え、むしろそれに対して「どのくらい本気で取り組んだか」「ベンチャー企業から何を学んだか」「次の一手が見えたか」などの観点で、たとえ失敗したとしてもそこからの学びを評価すべきである。

イノベーションの重要性が浸透しつつある中、言葉のキャッチーさや「競合企業が取り組んでいる」というような表面的な理由で施策のみが先行し、結果に対して不満を抱いているケースが多いように思う。

しかし、これまでに述べたように、各施策は志向すべきイノベーションモデルとそのマネージメントの全体像、およびその中でのポートフォリオの位置付けが明確化されて初めて意味を持つものである。また、それらを明確化するだけでは不十分で、その目的の中で継続的にKPI管理やルール・方針の見直しを行わなければ、意図した結果を得ることはできない。

業界そのものが大きな変化の渦中にあり、遅かれ早かれイノベーションマネージメントの見直しを迫られるモビリティーサプライヤーにおいては、特に上記のような視点で改めて自社の戦略やマネージメントの手法を見直してみることの意義は大きいのではないだろうか。

第3部

異業種プレーヤーにとっての参入の機会と課題

第11章

ICTベンダーは自らの役割を変えられるか

ICTベンダーは自らの役割を変えられるか

第5章で論じたように、自動車市場におけるソフトウエアの開発量は、従来の100倍以上の規模で爆発的に増えている。こうした状況の中で完成車メーカー（OEM）は、ソフトウエア開発の生産性を抜本的に改善するための新たな開発スキームを見いだす必要に迫られている。実際に、OEMやティア1サプライヤーはこれまでの常識を捨て、ソフトウエア開発を抜本的に革新するための打ち手を探索し始めている。

例えば、欧州のOEMは「自動車だから」という前提を見直し、ハードウエアをモデルベース開発（MBD）などの手法でモデル化しながら、ソフトウエア領域にアジャイル開発・マイクロサービス型組織といったICTベンダーの得意技を持ち込み、ハードウエアの品質保証を担保した上で高速な仮説検証ができる体制を構築し始めている。第11章では、CASE時代に求められるICTベンダーの役割について考察する。

CASE時代のICTベンダーに求められるもの

CASE時代において、ICTベンダーは自らの役割を主体的に大きく変えることを求められている。OEMやティア1サプライヤーは、安全性重視の姿勢から保守的な組織と見られがちだが、経営レベルにおけるCASE時代の生き残りに向けた危機感は相当なものがある。新たな世界を生き抜くためのアイデア・打ち手を、自動車業界の序列にとらわれず広く外の世界に求めるようになってきている。

こうした状況の下でICTベンダーに求められるのは、時代遅れになりつつある既存のOEMの開発体制を前提とした“御用聞き”業務から脱却することである。具体的には、先端的ICTプレーヤーの開発手法や組織マネジメントを、自動車市場が抱える本質的な制約（従属的な慣習ではない）に合わせた形で導入し、OEMの組織・プロセス、ひいてはソフトウエア開発を捉える戦略そのものに影響を与えていくことにある。

こうした動き方ができないICTベンダーは、必然的に自社の役割がレガシーシステム周辺に制限され、その影響範囲を縮小させていくことになる。そこで第11章では、ICTベンダーが、先進的な考え方を持つOEMやティア1サプライヤーに対して、具体的にどのような価値を提供していくべきかについて論じていく。

ICTの技術革新の恩恵を受けるには

ICT業界の変化の歴史を振り返ると、この10年で最も大きな変化はクラウドコンピューティング（以下、クラウド）の普及であった。クラウドの普及は単なる要素技術の変化にとどまらず、クラウドを前提とした開発プロセスや組織の動き方に大きな影響を与えた。

しかし、日系ICTベンダーの多くは、要素技術としてのクラウドの導入には一定レベルの取り組みをしてきたものの、組織としての動き方のレベルにおいては変化を見せていない場合もある。これがクラウドの恩恵を受けられない事業構造を温存する遠因となっている。

特に、クラウドをはじめとする昨今のICTの技術革新の恩恵を受けるためには、単に要素技術を導入するだけでなく、戦略・組織・プロセスを、急速に進化する技術のスピードに合わせた形で再構成しなければならない場合が多い。

具体例として、マイクロサービスアーキテクチャーという手法を取り上げる。大規模なシステムを小規模な独立的に動く機能（マイクロサービス）に分割し、そのマイクロサービスを担当する少人数（通常は10人程度）から成り立つチームが自律的かつ高頻度反復型でソフトウエアを改良し続けながら、全体を統一感のあるシステムとして動かすための仕組みである。実際に米アマゾン・ドット・コム（Amazon.

com）などのプレーヤーは、こうした包括的な仕組みを前提に、1年に1億回規模の小さなアップデートを繰り返している。

ただ、こうしたICT技術を何のカスタマイズもなく自動車業界に適用することは現段階では難しい。一方で、こうした技術の恩恵が自動車業界にもたらされた際のインパクトは非常に大きなものになるであろう。極論すれば、巨大なウオーターフォール型組織である自動車業界において多くの開発人員は、一部の企画担当が考えたWhat（何をつくるか）を実現するためのHow（どう実装するか）を検討している状況といえる。

こうした事業構造の中では、多くの開発組織における各開発人員の持つ裁量はごくわずかである。少なくとも開発の現場においては、企画段階から出てきたWhatに関する方針に疑問を持ちつつも、多くの場合はHowをより良きものにすることに各人の能力と情熱を費やすことになる。

これに対してマイクロサービス的な動き方ができるようになると、各マイクロサービスを担当するチームごとに、自らの創意工夫の下で新たな技術・アプローチに取り組み、実際の反応を見ながら、例えば2週間ごとに継続的に改善を図っていくことができるようになる。

見えてきたマイクロサービスの芽生え

ここで、10人から成る1000の開発組織があると想定しよう。これらの組織にマイクロサービスアーキテクチャーを導入するとは、1000の組織が2週間ごとに継続的なアップデートを実施し、1年間に1000×26回の細かな改善を行いながら、全体のシステムをアップデートしていくようなイメージである。

これは、一見すると荒唐無稽に思えるかもしれない。人の命を預かる自動車においては、最後の品質保証を守っていくことは絶対に譲れない使命である。しかし、エンドユーザーに迷惑をかけない範囲であれば、開発段階においてどのようなアプローチを採っても問題ないはずであろう。実際に自動車業界においては、こうした方針を見据えた動きの萌芽（ほうが）ともいえる事例が出始めている。

ドイツ・フォルクスワーゲン（VW）は、「vw.OS」と呼ばれるハードウエアとソフトウエアの分離を実現する車載電子プラットフォームの提供を発表している。その狙いは、ソフトウエアをハードウエアの制約から切り離し、継続的なアップデートを可能にすることにあるといわれている。

もちろん、短期的には様々な課題が発生するだろうが、こうした取り組みの先に見える世界観はICT業界が既に実現している。数千のチームが継続的に機能をアップデートし続けるエコシステム（ビジネス生態系）を、自動車業界で実現しようとする取り組みと考えられないだろうか。

一方、各チームの自律分散的な開発を実現するための技術として、ICT産業においては「Kubernetes（クーバネティス）」などアプリケーションをコンテナ化してデプロイ・管理するための基盤がオープンソースとして提供されている。特にKubernetesは、管理団体の「Cloud Native Computing Foundation」を通じてオープンソースとして提供されている。一部では「クラウド界のLinux」と呼ばれるなど、既に技術レベルでは確立されつつある。また、Kubernetesを活用するための外部ソフトウエアサービスも充実してきており、技術的なハードルは思ったほど高くはなくなりつつある。

VWの例で示した通り、ハードウエアとソフトウエアの分離を通じてICT業界のようなスピード感を持つプロセスが自動車業界に取り込まれるのには一定の時間がかかるだろう。しかし、それほど遠くない時期にこうしたプロセスを実現するための技術基盤は、一定のカスタマイズが行われることを前提に、自動車業界でも実用化されるとみるべきだろう。

ただし、こうした技術の難しさは、単に要素技術を導入しても効果がほとんど表れない点にある。組織のビジネスアーキテクチャー・意思決定プロセス・開発／品質管理プロセスを三位一体で変えなければ、新世代の技術の恩恵を受けることは難しい（**図11-1**）。

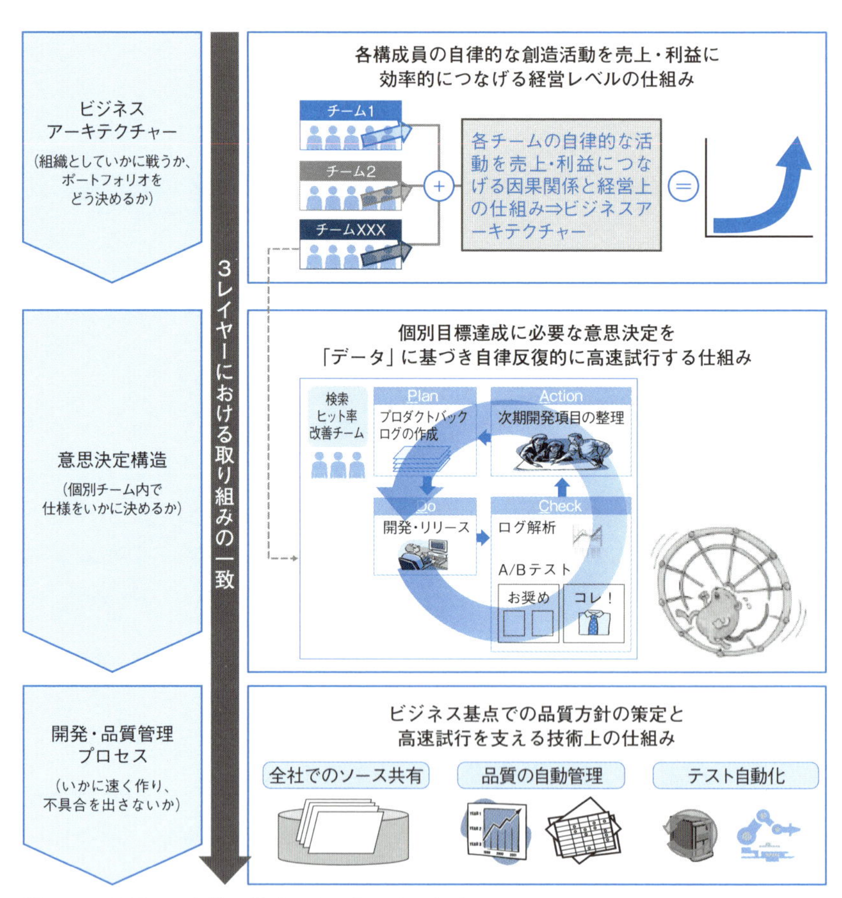

図11-1　先進ICT企業に共通した三位一体の経営システム
（出所：ADL）

もう少し踏み込んでいえば、技術が進化するほど、人間が介在する組織・プロセス・意思決定スキームといったものが最大のボトルネックになりつつある。ここを解消できなければ、新技術の恩恵を受けることは難しい。しかし、日本のユーザー企業の多くは、旧態依然としたウオーターフォール型の組織・プロセス・意思決定スキームを温存しながら、要素技術を部分的に導入し、新技術の波をやり過ごそうとしている場合も多い。

ICTベンダーに求められる役割は、ICT技術の進化を捉えていち早く利用可能にすることで、エンドユーザーがその恩恵を受けられるようにすることである。この点は、過去からも大きな変化はない。

ただし、OEMやティア1サプライヤーがCASE時代においてこの技術進化の恩恵を受けるには、ICTベンダーの役割は単なる要素技術の導入ではなく、顧客のビジネスアーキテクチャー・意思決定プロセス・開発／品質管理プロセスを三位一体で変革していく必要がある。簡単なことではないが、これを実現できるICTベンダーにとっては、大きなチャンスが到来しつつあるといえる。

CASE時代のICTベンダーの選択肢

CASE時代に向けてICTベンダーが考えるべき核心は、この点にある。つまり「ユーザー企業が先進ICT技術の恩恵を受けるためには、要素技術の進化のみならず意思決定プロセス・ビジネスアーキテクチャーにまで踏み込んだ改革を迫られている中で、ICTベンダーも自らの役割をそれに合わせて進化させるべきか」という点である。

ユーザー企業としてのOEMやティア1サプライヤーが、既存の組織・プロセスを温存したいと考えている以上、そこに付き合っておくのが賢明であるとの考えは一見すると合理的である。むしろ、短期的視点でビジネスを温存していくためには、こうした既存組織の力学に迎合していく方が合理的ですらあるかもしれない。

つまり、自動車業界の不都合な真実に対して、“ムラ社会”の秩序を壊さぬように付き合っていくという道も、短期的には1つの解であろう。例えば現在の自動車業界においては、ソフトウエアはハードウエアの付属物として位置付けている企業が多い。そのため短期的には、ハードウエア部門や生産部門が主導権を握ることを前提に、目先の課題解決に寄与する提案をすることが、ICTベンダーの王道的な戦い方になりがちである。

ゲーム理論に「ナッシュ均衡」という言葉がある。ゲームの参加者全員が現状は最適ではないと思いながら、「言い出したもの負け」の構造に気づいた結果、各参加者が現状を変える取り組みを放棄してしまい、結果として不都合な構図が温存される状況を指す。CASE時代においてソフトウエアの開発量が爆発的に増加し、大きな課題に直面することが見えながら、ほとんどのプレーヤーがそこから目を背けて現状の延長線上に甘んじる姿は、まさにナッシュ均衡といえるのではないか。

ただしナッシュ均衡は、新たなプレーヤーの参加によって容易に壊れ得る。CASE時代の到来を踏まえると、現状の自動車業界におけるナッシュ均衡は、自動車業界の外から来た新たなプレーヤーの参加という形によって壊れる可能性が高い。端的に言うと、自動車市場の外から来たプレーヤーが新たな課題の解き方を提示し、それが標準となってしまうということである（**図11-2**）。

前述の例でいえば、あるタイミングまで高コストの温床として忌避されていた物理現象のモデル化が現実的な価格で実現されるようになると、システム全体の開発におけるボトルネックは、ソフトウエア（制御ロジックの高速な反復開発プロセス）になる可能性がある。こうしたアプローチの下では、ハードウエアの性能が多少劣後したとし

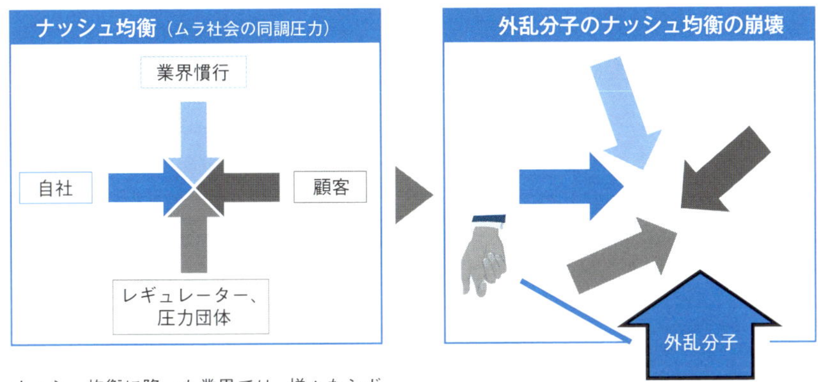

図11-2　ナッシュ均衡の崩壊
（出所：ADL）

ても、制御ロジックを高速でアップデートし続けることができるプレーヤーが、市場における主導権を握るようになると思われる。

これまで述べてきたように、自動車業界が向き合わなければならないソフトウエア開発量の爆発的な増加が迫る変革の「飛び感」は、小手先の対策で解消できる代物ではない。この変化に向き合うためには、ユーザー企業もそこに価値を提供するICTベンダーも、“化粧レベル”ではない、骨格を入れ替えるレベルの自己変革が求められている。

自動運転のようなゴールが事前に設定できない大規模システムにおいて、ウオーターフォール型組織プロセスの下で社員の90％以上が思考停止し2年に一度しか進化しないプラットフォームと、少人数の多くのチームが自律的に考え動くことで1年に1万回以上小刻みに進化するプラットフォームのどちらの勝率が高いかは自明であろう。

ソフトウエア産業化する自動車業界

CASE時代の到来とともに急速にソフトウエア産業化する自動車業界においては、こうした動きに取り残されたOEMやティア1サプライヤーは、これまでどれほど実績を積み上げてきていようが、中長期的には競争力の根幹を失い、市場のメインストリームからは脱落していく可能性が高い。

また近年は、優秀なソフトウエアエンジニアが主導権を持って会社を選ぶ傾向が強まっている。旧態依然とした組織・プロセスを温存した企業は、優秀な人材を集められなくなる傾向が加速している。こうしたエンジニアと大企業間のパワーバランスの変化に対応できないOEMやティア1サプライヤーは、製品競争力の劣後とエンジニア候補者人材の敬遠というダブルパンチによって競争力を急速に失っていく可能性が高い。

欧州の有力OEMやティア1サプライヤーは既にこうした流れを見越し、ソフトウエア開発プロセスを「今どきのICT企業のやり方」に近づけるために相当の投資をしている。これにより、単なる開発効率の改善だけではなく、人材の獲得・維持にも効果が得られつつある。

こうした欧州の動きと比べると、日系企業の取り組みはOEM・ティア1サプライヤーともに遅れているが、変化の兆しは見え始めている。

例えば、クリエーションライン（本社：東京）は、クラウドインテグレーションなどの領域において、日本で有数の実績を持つスタートアップである。同社は、クラウド市場における先進的技術が日本の大企業でほとんど採用されずに旧態依然とした非効率な開発環境・プロセスが温存されていることに問題意識を持ち、「DevOps」やコンテナをはじめとする先進的技術を、日本の通信キャリアや大手システムインテグレーターなどに導入することを支援してきた。

図11-3　クリエーションライン社長の安田忠弘氏（左）と取締役の成迫剛志氏（右）
（撮影：ADLジャパン）

同社は2018年に、デンソーとの資本提携を発表した。この背景には、CASE時代を前提にソフトウエア開発環境・プロセスを効率化したいデンソーと、自動車関連市場におけるプレゼンスを拡大したいクリエーションラインの思惑の一致があった。クリエーションライン取締役の成迫剛志氏はCASE時代におけるICTベンダーの役割について、以下のように述べる（**図11-3**）。

「アジャイル前提のビジネスアーキテクチャー・意思決定プロセス・品質管理プロセスが求められる世界では、ソリューション提供ビジネス自体が無力化する。ソリューションをつくるという思想自体が、従来のプロセスにとらわれているからだ。ティア1サプライヤーを含むユーザー企業が不確実度の高い開発に取り組むに当たり、アジャイル開発を前提とした内製化体制を整備する中、この流れに乗って『一緒に頭を動かしてくれる』『考える体制づくりを支援できる』ベンダー以外は不要になっていく」。

クリエーションライン社長の安田忠弘氏は、こうした時代におけるベンダー企業の役割を以下のように述べる。

「ユーザー企業の動き方がUX（ユーザーエクスペリエンス）を中心に、高頻度にソフトウエア更新するプロセスに変わる中、ベンダーの役割はこうしたユーザー企業の動き方をサポートしながら品質を保証するための仕組みを提供していくことに変わりつつある」。

こうした取り組みは、現状ではまだ一部の先駆的な領域における動きにとどまっている。しかしハードウエアとソフトウエアが分離する世界においては、自動運転などの基幹領域であっても、ソフトウエア側の開発速度は「クラウドネーティブ」な開発速度に限りなく近づいていく可能性が高い。

ICTベンダーにとっても自己変革の好機

弊社では10年以上前から、「GAFA（グーグル・アップル・フェイスブック・アマゾン）」をはじめとするWEBサービス企業のソフトウエア開発に関する生産性の高さや組織マネジメントを学ばなければ、自動車業界は競争力を失う時機が来ると主張してきた。

改めてCASEというトレンドに代表される最近の技術の進化を振り返ると、こうした懸念が現実となりつつある。しかし「禍福は糾（あざな）える縄の如（ごと）し」という。先進的な発想を持つICTベンダーにとっては、OEMやティア1サプライヤーにおいて醸成されつつある危機感を梃子（てこ）にして、大きな変革に取り組めるチャンスが来ようとしている。

こうした状況の下で、ICTベンダーは自らの役割を見直し、特にソフトウエア開発を取り巻くOEMの既存の組織運営を、先進ICT技術の恩恵を受けられる形に変革していくことの支援にあるのではないだろうか。

ICTベンダーの役割は、ユーザー企業における先進ICT技術の迅速な活用を支援することにある。そうである以上、ICTベンダーは己の役割を大胆に捉え直し、OEMやティア1サプライヤー、ひいては日本の競争力向上につながるような提案をし続けることでしか、生き残る道はない。

第12章

抜本的な変革が求められる材料メーカー

抜本的な変革が求められる材料メーカー

CASE時代に向けて、材料メーカーも抜本的な変革が求められるのだろうか。材料、特に機能材料は製品機能や生産プロセスで差別化できることが多く、ビジネスモデルで大きく差が付くケースは少ない。技術の研さんによって変化するユーザーの要求機能に対応する、すなわちスペックインを成り立たせることが、材料メーカーにとっての定石的な勝ちパターンだった。

特に自動車業界は、エレクトロニクス業界と並んでスペックインの重要性が高く、これらの業界のリードユーザーによって日本の材料メーカーは鍛えられてきた。ただし、そのような勝ちパターンはここ数年で急速に変化しつつある。

第12章ではまず、近年の自動車業界のトレンドがもたらす材料メーカーにとっての具体的な機会を整理する。後半では、先進プレーヤーの動きを踏まえ、材料メーカーの戦い方に今後どのような変化が生じ得るかを考察する。

最も影響が大きいのは「電動化」

CASEというトレンドの中で、材料メーカーにとって最も直接的に影響があり、要求が顕在化しているのは「Electric（電動化）」であろう。電動化は、「電池」「車体」「社会」の大きく分けて3つのレイヤーで影響を及ぼす。それにより新たに期待される代表的な材料の機会は多岐にわたる（**図12-1**）。

まず「電池」については、電極や電解質などの電池材料そのものの進化は必須であり、既に多くの材料メーカーがしのぎを削る本丸領域である。電池材料の開発はそれだけで大きなトピックであるため今回

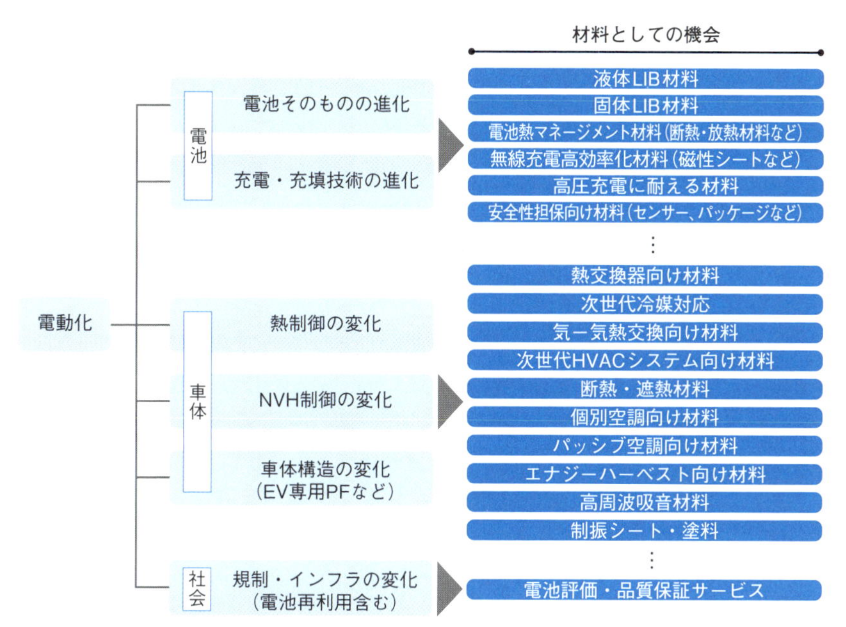

図12-1　電動化がもたらす代表的な機会
（出所：ADL）

は詳細を割愛するが、電池材料以外でも材料の機会は存在する。

例えば、急速充電・全固体電池などの実現に向けて、高度な熱マネジメント技術や、爆発やガス漏れなどに対する安全性の担保技術が必要とされている。これらは、システムとして解決する方向と、革新的な材料を活用する方向で検討が進められており、材料メーカーにとっての貢献機会が存在する。

さらに、パワートレーンが変化することで「車体」や「社会」にも抜本的な変革が求められつつある。熱制御はもちろんのこと、エンジンがなくなることによるNVH（Noise、Vibration、Harshness）制御の変化や、電気自動車（EV）専用プラットフォーム（PF）のように車体構造そのものを電池に適した形にする動きもある。

熱制御の観点では、熱交換器や配管などの性能向上だけでなく、HVAC（Heating、Ventilation、Air Conditioning）システムそのものを、従来の蒸気圧縮型ではないシステムへと刷新する方向性も検討されており、熱創出を実現する新たな材料の機会が生じる可能性がある。

また、車室内の熱利用効率を向上する、もしくは何らかの発電技術を組み合わせる方向性も検討されており、断熱・遮熱・放熱材料やエネルギー変換を実現する材料の需要の高まりが期待される。

NVH制御においては、モーターや風切り音への対応として高周波の吸音材料の需要が高まっている。振動制御についても、抜本的に見直しが進められる可能性がある。

「社会」の変化としては、充電インフラ整備というハードウエアの側面だけでなく、車両間連携や都市との連携といったソフトウエアの側面でも革新が必要となっている。材料に関わる機会としては、電池の再利用が現実的になってくれば、電池の評価や品質保証サービスなどで、材料メーカーが付加価値を獲得できる可能性がある。

電動化以外のトレンドが及ぼす影響

電動化以外の「コネクテッド／自動運転／シェアリング」についても、「デバイス」「車体」「人（乗員）」という3つのレイヤーで影響を及ぼすと理解できる。それらがもたらす材料の機会は、電動化と同様に多岐にわたる（**図12-2**）。

まず、「デバイス」としては、カメラなどのセンシングデバイス、および通信デバイスの進化が挙げられる。これらのデバイスにおいては、さらなる性能向上や使い勝手の向上が求められており、材料の貢献機会も多い。センシングデバイスとしては、カメラやミリ波レーダー、LIDAR（レーザーレーダー）が主流となる。自動運転の本格的な実現に向けては、人間が検知しているあらゆる物理量に対して目

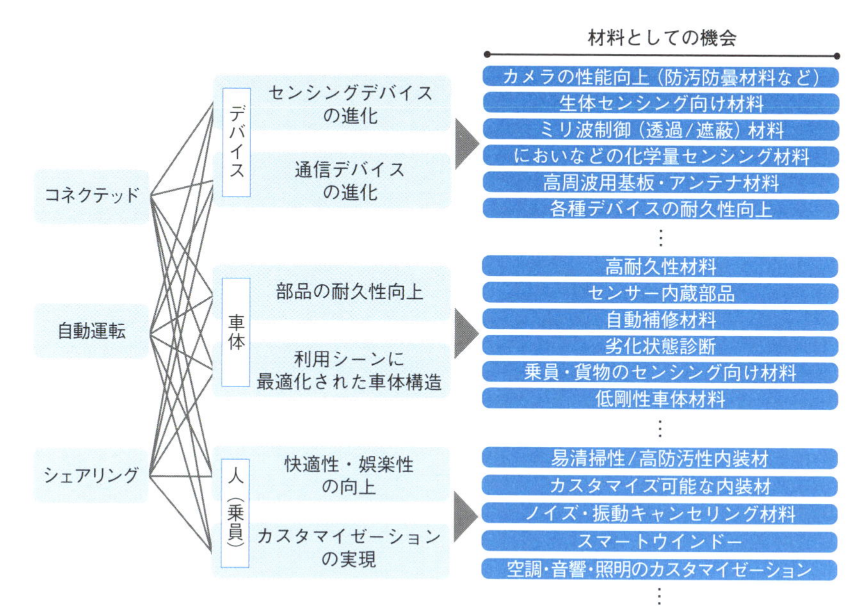

図12-2　コネクテッド/自動運転/シェアリングがもたらす代表的な機会
（出所：ADL）

配せが必要となるため、カメラなどで検知できない化学量のセンシングデバイスなどについても、今後需要が増加する可能性がある。

さらに、自動運転やシェアリングなどが浸透すると、自動車の利用の仕方そのものが大きく変わる。例えばシェアリングカーでは、稼働率がこれまでの10倍程度になることが見込まれ、必然的に部品の耐久性への要求の変化が想定される。

一方、稼働率は高くなるが、ある程度決まった経路しか走行しないといったケースも増加するであろう。また、自動運転によって衝突しなくなるのであれば、車体の剛性や安全設計も簡素化できる。このような利用の仕方の多様化への対応として、「高耐久性材料」や「自動補修材料」、「センサー内蔵部品」、「低剛性車体材料」などの需要が高まる可能性がある。

また、車体の利用の仕方だけでなく、人の過ごし方も大きく変化する。人が運転しなくてもよいという側面では快適性・娯楽性の向上が、あらゆる人が使うという側面ではカスタマイゼーションの実現が、次の大きなトレンドとなり得る。これに付随して、「易清掃性／高防汚性の内装材」や「スマートウインドー」「カスタマイズ可能な空調・音響・照明」などの需要が高まる可能性がある。

サステナビリティーがもたらす材料の機会

材料メーカーにとってのビジネスインパクトという観点では、既に検討が進められてきた「サステナビリティー」への対応も、引き続き重要である（**図12-3**）。

モビリティーにおいてサステナビリティーを考える際には、安全・

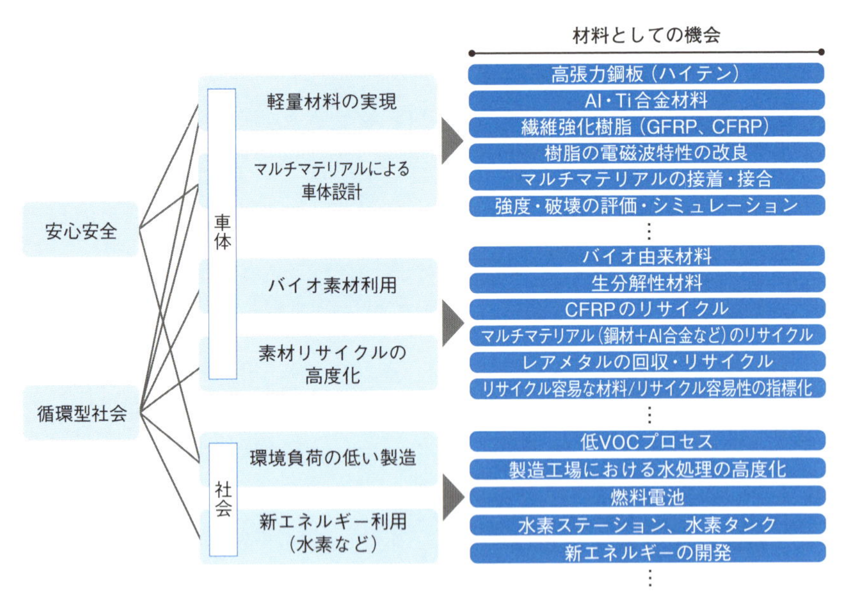

図12-3　サステナビリティーがもたらす代表的な機会
（出所：ADL）

安心と循環型社会を「同時に」実現するという観点が重要だ。大抵の場合、これらはトレードオフの関係となるため、単純な一軸上での性能追求ではなく、最適な「落としどころ」を実現することになる。それに付随して、新たな事業機会が生じる。

素材に関連する代表的なトレンドとしては、軽量材料の実現やそれを活用したマルチマテリアル（異種材料構成）での車体設計、またバイオ素材利用が挙げられる。さらに、昨今の循環型社会への要求の高まりを受け、今後はこれらの新素材まで含めて素材リサイクルシステムを高度化していく方向性が求められる。

これらにひも付く材料メーカーの貢献機会としては、各種の軽量・バイオ材料や接合技術を提供する方向性が見据えられる。さらに、材料メーカーの知見を生かした新たな貢献機会として、それらが「安全である」「環境負荷が低い」ということを担保するような評価・シミュレーション技術を提供する方向性も考えられる。

価値指標がますます複雑化する社会では、モノそのものだけでなく、モノがもたらす価値を見える化・担保する機能にも付加価値が生じる。特に、サステナビリティーのような複合的な指標の影響力が大きくなる自動車業界においては、材料メーカーがそのような付加価値の取り込みを検討する重要性は高いと考える。

求められる戦い方は「ティア1.5化」

あらゆる基本要求が充足された現代においては、全ての産業において単純な「モノ売り」以上の付加価値を創出していくことが求められている。自動車業界をターゲットとする材料メーカーにおいても、それは例外ではない。

伝統的に自動車業界では、サプライヤーと完成車メーカー（OEM）が開発・製造の両面で密に連携を行いながら発展してきた経緯があり、評価技術やシミュレーション技術の重要性が他産業よりも高く認識されている。業界で一定のプレゼンスを発揮する材料メーカーにおいては、材料の評価技術だけでなく部品レベルの評価・シミュレーション技術や、モジュール・システム化技術が蓄積されていることが多い。教科書的に解釈すれば、「モノ売り」から「コト売り」にビジネスモデルを発展させていくための素地を備えているといえる。

ただし、日系サプライヤーにおいて、これらはどちらかというとOEMの要求を満たすために「下請け的に」獲得してきたケイパビリティーである。サプライヤーが主導して革新的なモジュールやシステムを提案することを意図したものではなかったために、実際にそれらを活用して付加価値を大幅に拡大した例は少ない。

一方、ドイツBASFや米スリーエム（3M）に代表される欧米の先進材料メーカーにおいては、評価・シミュレーション技術や、モジュール・システム化技術を獲得し、加工条件出しや強度シミュレーションなどまでを含めた樹脂の使いこなし提案や、モジュール・システム提案にまで踏み込む方向性が明確に志向されている。これは、材料メーカー（ティア2）によるティア1の機能の取り込み、すなわち「ティア1.5化」による付加価値拡大として解釈できる。日系の大手材料メーカーである三井化学や東レ、帝人などの近年の買収事例においても、この方向性を見て取ることができる。

CASEへの対応としてOEMの開発負担が桁違いに増加している中、今後はこの動きがさらに加速し、材料メーカーであっても「機能モジュール」や「ソリューション」として提案するケイパビリティーが必要になってくることが予想される。特に、システムサプライヤー活用の傾向が既に顕在化している欧米や中国のOEMに対してプレゼンスを発揮していくためには、「上位レイヤーの評価・試作技術」「計算技術」の獲得、およびそれらを活用した「ティア1.5」としての戦い方が不可避とみている。

ただし、その実現には大規模な投資や体制改革が必要となる。その負担やリスクを認識した上で、「どのような戦い方がベストか」を慎重に判断する必要がある。

「上位レイヤーの評価・試作技術」の獲得

金属部品の樹脂化や樹脂を使った新規システムなど、従来材料の改良ではなく革新的材料を提案する場合においては「上位レイヤー」、すなわち材料メーカーから見た部品・モジュール・システムレイヤーの評価・試作技術をどのように獲得するかが非常に重要となる。

これは自動車業界に限らず、あらゆる産業で共通して言われることである。いかに材料そのものが革新的であったとしても、材料レベルで提案を行った場合、OEMで部品・モジュール化、性能の検証まで行う必要がある。有望かどうかの判断にすら相当の投資が必要となるため、よほど関心の高い領域でない限りは取り合ってもらえない。

一方、環境規制・安全性・ユーザーエクスペリエンスの革新性など、自動車の開発において解かなくてはならないトレードオフは、ますます増加している。これまでは、部品構成やシステムなどのより上位のレイヤーの工夫によってこれらのトレードオフを解いていた。今後は、それぞれの要求がさらに高度化・複雑化し、材料そのものから見直す必要性も高まるだろう。その意味で、革新材料に対する期待は大きい。

このような背景から、先進的な材料メーカーにおいては、上位レイヤーへの踏み込みが顕著である。例えば、エンジン回りのスーパーエンジニアリングプラスチック材料の共同開発事例において、ティア1は材料メーカーに対して「成形や部品レベルの強度・耐久性まで考慮した材料特性の提案」を要求している。これに対して材料メーカー側も、

CAE技術や試作技術を拡充し、対等なパートナー関係を実現している。
また、EV向けの熱マネジメントシステムにおいては、個別の部品の性能や革新性ではなく、システム全体としての費用対効果を判断基準とする必要がある。そのため新たな部材の提案に向けて、部材メーカーとティア1が協働してシステムを組み上げ、実車評価まで行っている例も存在する。
実車レベルの評価が重要な足回りや音響設計でも、部材メーカーがテストコースや大型音響試験室を整備するなど、評価技術に対して大規模投資を行う事例が増加している。
もちろん、「これらの技術を全て自社で保有すべきか、パートナーリングで賄うべきか」という点は、領域ごとに個別に判断すべきである。開発がホットな領域では、自社は材料開発に専念し、上位レイヤーの評価・試作についてはOEMやティア1に担ってもらうという割り切りも可能だ。
しかし、ある機能軸でエッジを立てて革新的な材料を提供する、もしくは自社主導でスピーディーに開発を進め、早期のスペックインを狙うような戦い方を志向するのであれば、これらのケイパビリティーを自社に取り込むことを検討すべきである。

「計算技術」獲得の重要性高まる

自動車と材料の領域では、「モデルベース開発（MBD）への対応」と「材料開発の高速化」の2つの異なる流れで計算技術の重要性が急速に高まっている。
OEM側からのトップダウンのトレンドとしては、複雑化する自動車の製品開発において、モデルを活用しシミュレーション上で開発を行うMBDの活用が進展している。MBD導入に関して、日系OEMは欧米系OEMより一歩後れを取っている状況である。しかし今後は、日本においても業界の水平分業化が進展し、ティア2以下のサプライヤーに対しても対応が求められるようになることが予想される。

材料メーカーへの影響としては、CAE技術の拡充が急務である。また、より根本的には、差別化の肝が「機能 + すり合わせ」から純粋な「機能」に移行するという競争ルールの変化を認識することが重要である。材料メーカーに限らず、モビリティーサプライヤー全般において、今後はこれまで以上に革新的な「機能」を定義し、実現する力が求められていくだろう。

また、将来的に「ティア1.5」を目指すのであれば、そのレイヤーとしてより高度なシミュレーション技術が求められる。振動・熱・流体・電磁場などの3D（3次元）シミュレーション技術の力量はもちろんのこと、いわゆる「1Dシミュレーション」と呼ばれる要求機能を実現するためのロジック検証シミュレーション技術の力量が競争力に直結する。そのため、「これらの技術をどう拡充していくか」までを含めて、自社としてのポジショニングを検討する必要がある。

材料メーカー側のボトムアップの取り組みとして、データを活用し、材料探索やスケールアップを高速化する「マテリアルズインフォマティクス（MI）」がここ数年で大きな盛り上がりを見せている。

MIは魔法の杖（つえ）のようにもてはやされる向きもあるが、そもそも材料系統や用途領域によって適合性や応用可能性、実現方向性が大きく異なるものである。材料分野別に見ると、製薬がけん引した低分子、および理論がシンプルである金属・合金系は、ハイスループット実験やデータベース構築を含めて、比較的活用が進んでいる。

一方、セラミックス・酸化物や樹脂、複合材料などの物性や現象の因果が複雑な領域においては各社が試行錯誤を進めている段階である。理論や実験装置などのあらゆる観点でブレークスルーが求められている（**図12-4**）。

材料例		蓄積すべきデータ・知見	目指すべき方向性
実験で意味のあるデータが取れる場合	■低分子 ■金属など	■実験データの蓄積 ■文献データの活用	■自動計測・ハイスループット実験や、それとAIを組み合わせた 「徹底的な自動化」 
実験で意味のあるデータが取れない場合	■ポリマー ■コンポジット ■セラミックス、酸化物など	■シミュレーションの活用 ■マクロで発現する機能とミクロの状態を紐づける、適切な理論（モデル）の構築	■適切なレベルで現象を記述し、シミュレーションによりデータを得ることを前提とした 「理論の高度化 ＋計算能力の獲得」 

図12-4　材料分野別の方向性
（出所：ADL）

MIの主要な課題は7つ

以上のような材料分野ごとの濃淡はありつつ、MIの主要な課題としては7点が挙げられる（**図12-5**）。

このうち、(5) 機械学習アルゴリズム適用およびその自動化、(6) 計算能力の獲得、(7) スケールアップについては投資判断の難しさはあるものの、取り組みの方向性は明確である。

これに対して (1) 人材育成、(2) シミュレーションやテキストデータマイニングまで含めたデータ収集、(3) データベース構築、(4) 特徴量抽出は取り組み方向性の明確化自体が課題であり、腰を据えた取り組みが必要になってくる。

特に (3) データベース構築に関しては、現時点では各社のクローズドプラットフォーム＋標準データを集約したオープンプラットフォームで運用されている。しかし今後は、完全なオープンプラットフォームに移行する可能性も示唆されている。誰がプラットフォームをけん引するかを含めて動向を注視しておく必要があるだろう。

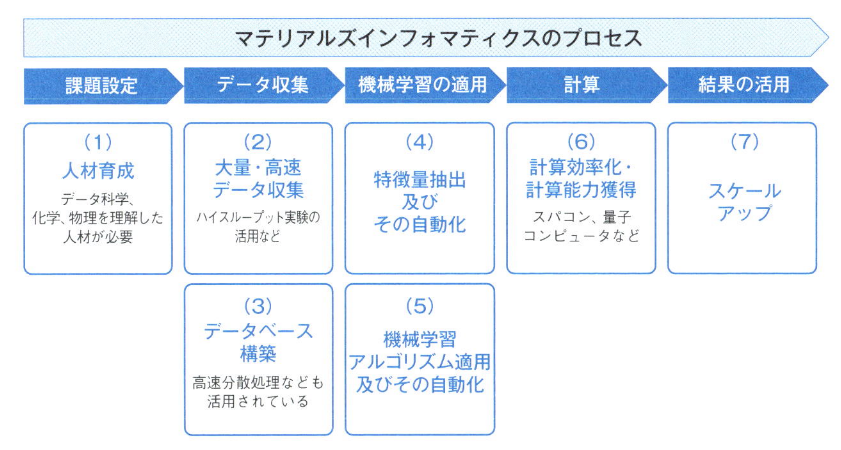

図12-5　マテリアルズインフォマティクスにおける主要課題
（出所：ADL）

現時点では世界的に見ても、自社としてどのようなデータに焦点を当てて収集を行うか、オープンなデータプラットフォームや他社とどのように連携していくか（そもそも連携すべきか）について、明確な解を持っているプレーヤーは少ない。

各プレーヤーはまず、データ活用によってどのような効用が得られるかを試行錯誤しながら、手触り感や課題を認識する取り組みを行う必要がある。その取り組みを通じて、「最終的に何を最終ゴールとするのか」、「そこに至るまでのマイルストーンとしてどのようなレベルを目指すのか」、「それに対してどのような手順・アプローチで社内の仕組みを整備していくのか」という点を、戦略として明確にしていく必要があるだろう。

MIは材料開発のツールの1つではあるが、開発思想の根本的な転換を求めるものであり、競争力の違いや付加価値創出手法の変革をもたらすポテンシャルを持つという意味で、材料メーカーにとって機会にも脅威にもなり得る。全てのプレーヤーが同じレベルを目指す必要はないが、その中長期的インパクトを正しく認識し、時間とリソースをかけて自社としての活用の方向性を明確にする必要はあると考える。

材料メーカーの変化の本質とは

これまで、CASEを含めた自動車業界のトレンドから、今後の需要増加が想定される材料メーカーにとっての機会と戦い方の変化について考察してきた。川上に位置する材料メーカーにとって、「CASEがどのような機会に結び付くのか」という点を理解することはもちろん重要である。しかし、材料レベルの個別の機会だけに着目すると、大きな流れを見落としかねない。

CASEとその周辺トレンドが材料メーカーにもたらす変化の本質は、「顧客の開発負担の急増とデジタル化により、競争のルールが変わる」ということである。そのような競争環境の変化と自社がこれまで築き上げてきた基盤を再認識した上で、改めて業界の中で自社をどう位置付けるかが問われている。

必ずしも、全ての材料メーカーがティア1.5を志向する必要はない。BASFのように主要な領域を広くカバーしてティア1.5化するという戦い方もあれば、非常に限定的な機能領域にターゲットを絞ってティア1.5化する戦い方もある。

また、むしろ材料レイヤーに焦点を絞り、MIを駆使して革新材料の探索・ライセンシングに特化する戦い方や、製造プラットフォームを広げる戦い方も想定される。そのような自由度の中で、改めて自社の戦略を見直すことが重要であろう。

第13章

車載エレクトロニクス、高収益の好機はここにある

車載エレクトロニクス、高収益の好機はここにある

CASE時代が到来し、エレクトロニクスメーカーにとっては車載領域における参入機会が増えた。一方で、収益性を伴った成長を念頭に置くと、安定市場とみられる車載領域においても一筋縄ではいかないことも周知されてきている。CASEというトレンドを前提とした際に、エレクトロニクスの中のどの領域に特に参入機会があり、高収益化が望みやすいのか。また、新たに車載領域に参入する上で考慮しなければならないポイントはどこにあるのか。第13章では、これらの点を考察する。

自動車コストの4割を占める電子部品

車両コストに占める電子部品の比率は10年間で2倍程度まで拡大し、2015年時点では40％程度の比率にまで拡大している。しかし、車載エレクトロニクスの領域は、従来のエレクトロニクスメーカーだけではなく、既存のサプライヤーにとっても競争上の焦点である。自動車業界のティア1サプライヤーの中では、エレクトロニクスを柔軟に取り込んだプレーヤーがシステム領域の事業の裾野を広げ、メガティア1としての立ち位置を築きつつある（**図13-1**）。

一方、エレクトロニクス出身のメーカーは、こうしたエレクトロニクス特化型プレーヤーとは違ったアプローチで車載領域に参入している状況だ。既存のティア1サプライヤーは、他の機械系の制御を行う電子制御ユニットが主戦場である。これに対して、そこに搭載される電子部品のコンポーネントや、カー・ナビゲーション・システムなどの情報機器の領域が、エレクトロニクス出身のメーカーにとっての主戦場である。そこから既存のティア1サプライヤーの領域である制御ユニット部分の付加価値を得ようとしている（**図13-2**）。

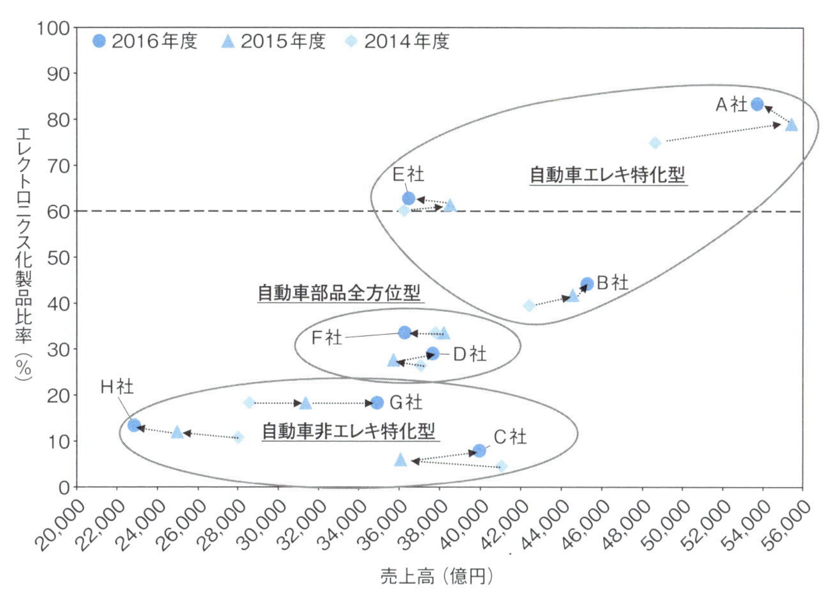

図13-1　ティア1サプライヤーのポジショニング
（出所：ADL）

この構図はすみ分けられたまま長年、膠着状態となっている。付加価値が高いのは依然として既存のティア1サプライヤーの牙城である制御ユニットの領域であったが、CASEのトレンドがその付加価値構造に変化をもたらし始めている。

経験的な開発アプローチをとる製品に高収益の可能性

電子部品業界にとって、これまでの一大市場はスマートフォン（以下、スマホ）だった。ただし、その時代においても部品を供給している電子部品メーカーは全てが高収益というわけではなく、部品によってその収益には差があった。

当時のスマホの部品ごとのグローバルシェアの上位5社を見ると、個々の部品の組み合わせによって成り立つモジュール部品ではシェア

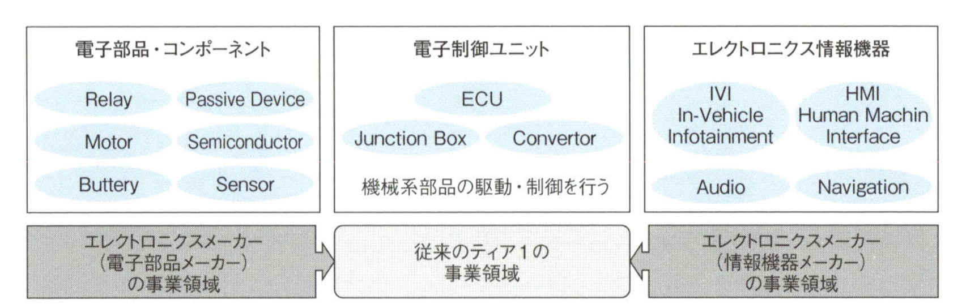

図13-2　車載エレクトロニクスの中でのすみ分け
（出所：ADL）

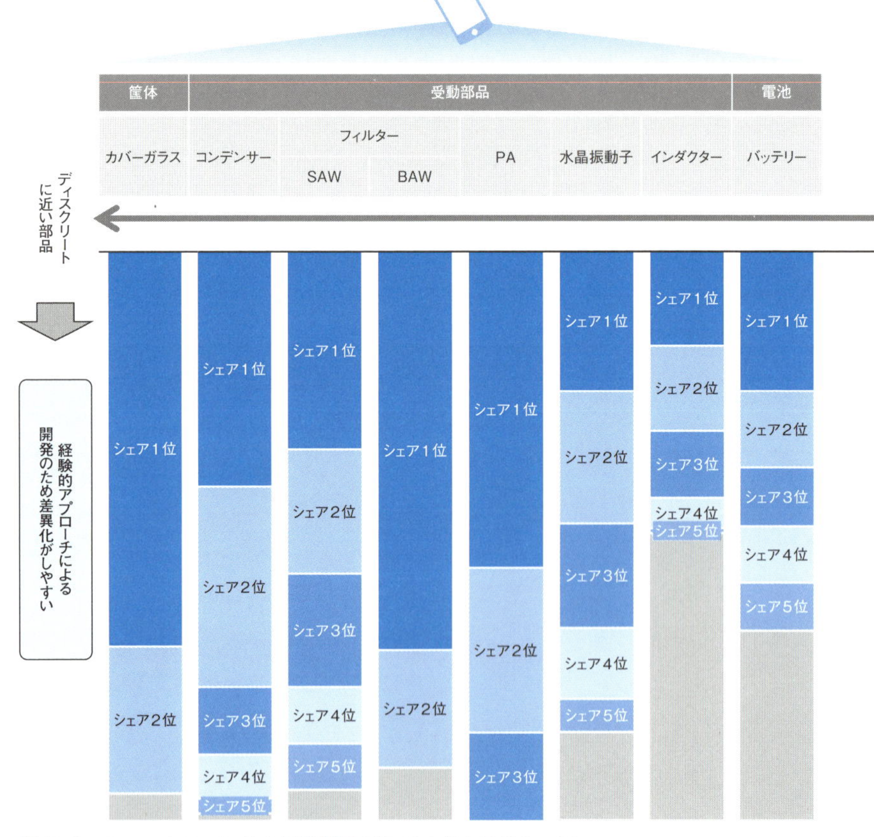

図13-3　スマートフォン内の電子部品ごとの上位5社のシェア
（出所：富士キメラ総研レポート［2012年版］を基にADL分析）

は細分化されている。苛烈な競争環境であることが推察される（**図13-3**）。

逆に、より個別化された、つまりディスクリート（単機能）に近い部品ではシェアが寡占に近い傾向となっている。寡占に近い状況であれば、より高付加価値を得やすいが、開発アプローチの違いに注目するとこの傾向差が生まれる要因が分かりやすい。

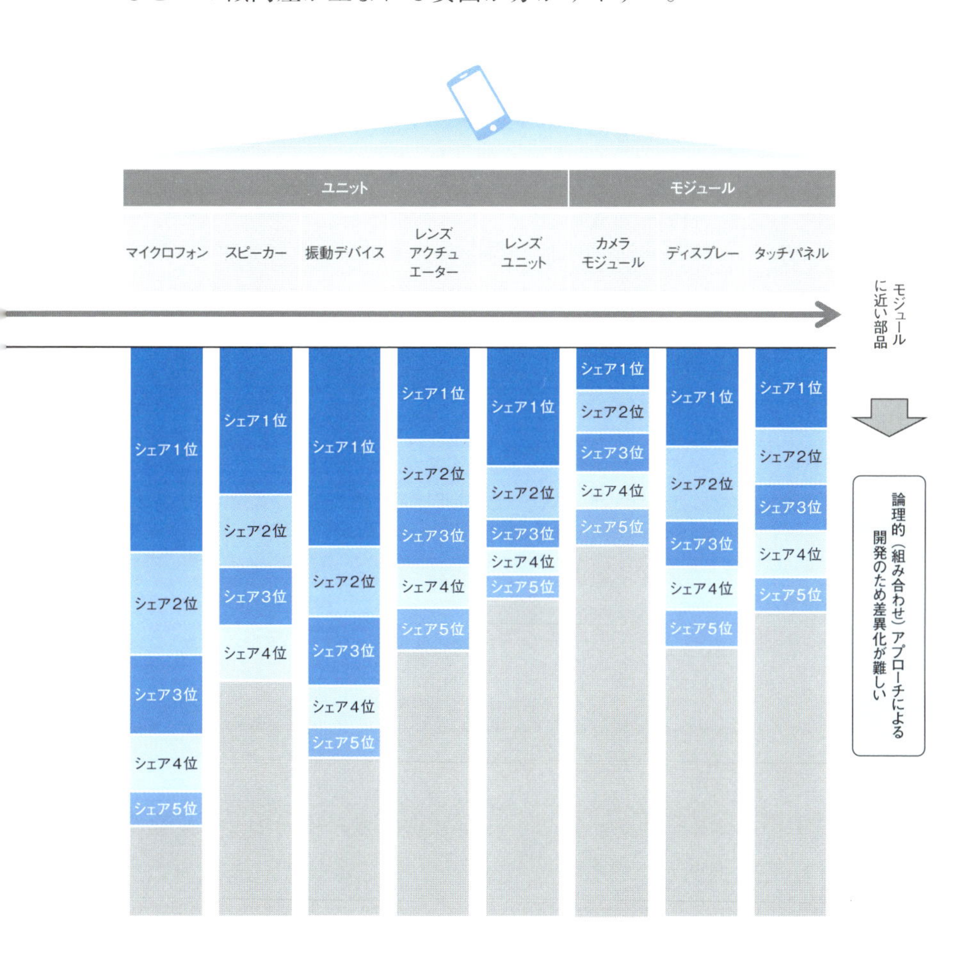

例えば、モジュール部品では開発が論理的アプローチ、つまり部品の「0、1的な」組み合わせにより、論理的にその性能が決まる。そのため、異なるプレーヤーが同じものに行きつくことが多く、差異化しにくくなる傾向にある。

一方、ディスクリート部品はその機能・性能を決める要因にアナログの要素が強く、経験的な調整によりその性能が決定される。そのため、プレーヤーの個別のノウハウが生かされ、模倣が難しく、差異化がしやすい傾向にある。とりわけ日本企業が有する強みは、この経験的な調整がより必要となる領域である。自動車の領域においてもより差異化がしやすく、高付加価値になりやすいのは、ディスクリートに近い部品になる可能性が大きい。

拍車をかける電動化のトレンド

加えて、今後CASEのトレンドの中でも、「E（電動化）」がその傾向に拍車をかける。車載用途に用いられる電子部品を、モジュール化の度合いとどのような電圧環境で使用されるかの違いで分布を取ると、シェア上位の日系サプライヤーが高収益を得ている部品は、10V以上の高い電圧で使用され、かつディスクリートに近いものが中心である（**図13-4**）。

これは、「強電×ディスクリート」という領域が、自動車メーカーにとって取り扱いが難しく、そこでノウハウを蓄積してきたプレーヤー以外にはなかなか模倣されないため、メーカー間で差異化しやすいからである。

今後、高電圧でモーターが駆動する自動車はさらに増加する。高電圧帯は、日系サプライヤーにとってハイブリッド車（HEV）の開発で既に“こなれている”領域であり、トヨタ自動車のHEVなどに電子部品を供給する日系サプライヤーには、既に相当なノウハウが蓄積さ

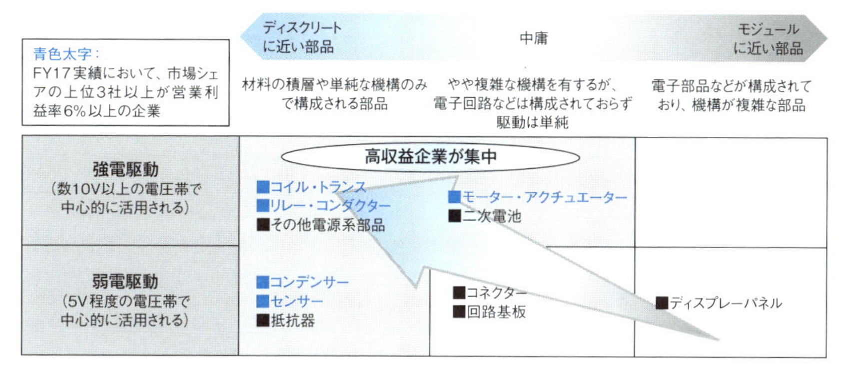

図13-4　電子部品において収益性の高い領域
（出所：SPEEDAを基にADL分析）

れている。

これに対して欧州ではいまだに、高電圧での駆動を使いこなす技術が成熟していない。一方、市場環境として、電動化は待ったなしの状況であり、高電圧を使いこなすケイパビリティー（能力）は相当に求められるはずだ。既に欧州メーカーが日本の強電系コンポーネントメーカーにアプローチをしている例もあり、日本のエレクトロニクスメーカーにとっては大きなチャンスが到来している。

HMI、IVI領域の競争優位にはソフトウエアが必須

情報機器の領域では今後、特にCASEの「CAS（コネクテッド、自動化、シェアリング）」の影響を大きく受ける。スマホをはじめとするその他のデバイスとスムーズに連携して活用したり、自動車内でマルチタスクを行える機能が求められたりするだろう。シェアリングにおいては、運転者の変更に対応できるように、仕様が自動で変更されるようなコックピットシステムが求められる。

その機能を十分に実現するには、ソフトウエアの開発力が必要となる。例えば、次世代車載情報通信システム（IVI）に参入するメー

カー各社が保有するソフトウエアエンジニアのリソースを比較してみると、リーディングカンパニーである米ハーマンインターナショナル（Harman International ）などは、日系企業の数倍から数十倍のソフトウエアエンジニアを有しており、既に同市場で大きなシェアを獲得している（**図13-5**）。

インフォテインメントの主たる価値を獲得しようとすると、ソフトウエア開発のケイパビリティーを有しておくことは競争上必須である。しかし、数十倍まで差がついてしまったリソースを埋めるほどの投資を行うのは、製品の開発サイクルが長い自動車においては、長期的な視点を考慮しないと合理的にはなり得ない。

自動車メーカーが把握しにくい技術領域を追求

そのため、従来ハードウエアでの事業を志向してきたプレーヤーは、自社のハードウエアならではの強みで戦うことが要求される。その中でキーポイントになるのが、「いかに自動車メーカーの不得手な領域を自分たちが獲得するか」という発想である。それは必ずしも、最新の開発領域でなくてもよい。

例えば、カーオーディオなどは好例である。日本のカーナビメーカーが苦戦を強いられていることは周知の通りだが、オーディオ事業

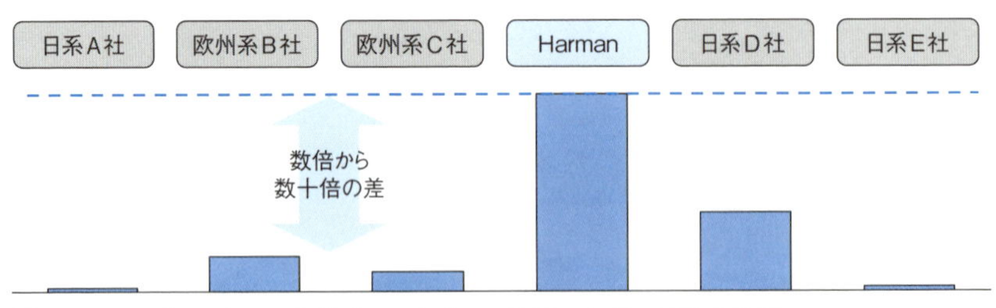

図13-5　IVIプレーヤーにおけるソフトウエア開発エンジニア数の比較
（出所：ADL）

を手掛けている場合は、意外に同事業の収益性は良いということはよくある。それはカーナビよりもカーオーディオの方が、技術領域として自動車メーカーが把握できていない領域が多いためである。

メーカーオプションなどで搭載されるカーナビには、いろいろなセンサーで収集した自動車の走行データがインプットされており、それをナビゲーションに生かしている。つまりカーナビは、自動車メーカーの技術領域である走行データがないと十分に実装できないのである。サプライヤーにとっては、そこに加える付加価値が限られてしまう。しかも、その付加価値の大半はソフトウエアによるものである。ソフトウエアのケイパビリティーを獲得しなければ収益化が難しい。

一方、カーオーディオはシステム全体が、自動車メーカーの把握できていない技術領域である。いわゆる”音作り”をはじめとするノウハウがサプライヤー側に蓄積されているため、容易には模倣できない。

今後、CASEのトレンドが加速すると、自動車メーカーにとっても開発項目が多くなるため、全てを自前で開発するのは難しくなる。そうすると、オーディオのような自動車メーカーにとって“分かりにくい”技術領域はサプライヤーに開発が一任されるようになるため、さらに収益をコントロールしやすくなるだろう。

このように、自動車メーカーとは違う分野の出身であるエレクトロニクス系サプライヤーにとっては、いかに自動車メーカーが把握できない領域で自社の製品の付加価値を高めていくかが重要である。それはソフトウエアのようなデジタルな領域だけではなく、アナログな領域にも存在している。自社の製品でいかにそのような領域を築き上げられるかを検討する余地は十分にある。

ボリュームを前提とした収益化に限界

エレクトロニクスメーカーにとっては、車載部品がスマホに代わる新たなキラーアプリケーションになるという見方もされてきた。しかし、一定以上の生産量を見込んでそのように考えているのであれば、待ったをかけるべきである。

全自動車メーカーに関して、その年に生産を開始したモデル数の推移を見ると、産業の成長期には投入モデル数を増やしていたり、リーマン・ショック以降はモデル数を絞って効率化を優先したりするなど、自動車産業の移り変わりをよく反映しているのが分かる（**図13-6**）。

特にここ2年間は、ユーザーニーズが多様化してきたことにより、投入モデル数は急激に増加している。そのけん引役は、CASEのトレンドに対応するため自動車自体が多様化してきたことよるものと推察され、今後もこの傾向は継続すると予測される。そうなると1モデル当たりの生産台数は、期待ほど大きくならない可能性が大きい。

限界利益さえあれば、数量拡大に伴って収益化が見込めるため、足

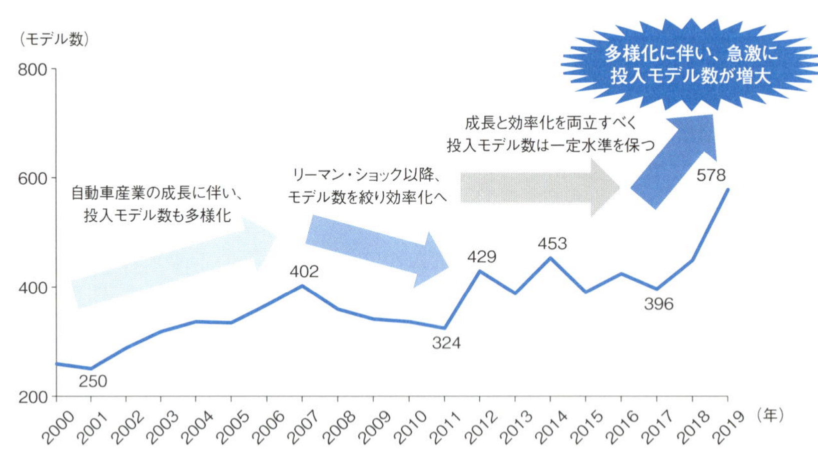

図13-6　自動車の投入モデル数の推移
（出所：IHS Automotiveを基にADL分析）

元の収益性が悪くても積極的に設備投資を行い、生産量を拡大させるというのが、メーカーとしての王道の戦い方であろう。しかし、数量が期待できなくなる場面が増えることが予想されるため、その戦い方には注意が必要だ。

既に海外の自動車メーカーを中心に、サプライヤーに対して出す生産計画が過大で、トレンドに即して予測すると規模感が違っていたという事例も散見している。自動車メーカーとサプライヤーの契約が、計画との差異が出ても収益が保たれるような内容になっていれば問題はないが、そうでない場合は計画との差異が出た途端に、サプライヤーは赤字に転落する可能性がある。

ただし、投入モデル数が増大することは、サプライヤーにとっては好機にもなり得る。自動車メーカーの開発工数が膨大になるため自前では開発が難しく、サプライヤーに任せる領域が拡大するためである。

そして、自動車メーカーが把握できていない技術領域から順にサプライヤーへ落ちる付加価値が大きくなる。それは、領域で言えば動力系における「強電圧×ディスクリート」の領域や、インフォテインメント系におけるソフトウエアの領域である。

さらに、前述したオーディオ領域のように、自動車メーカーが把握していない技術領域を見いだし、その領域での付加価値を究めれば、サプライヤーに落ちる付加価値が大きくなる領域となり得る。

繰り返しになるが、自動車領域はボリュームが期待できるキラーアプリケーションと捉えるのは危険である。多様化が進む中、自動車メーカーも開発の手が回らず、技術がよく把握できていない「隙」が生じる。そこに大きな付加価値が落ちるがゆえに魅力的なアプリケーションと捉えるのが、エレクトロニクスメーカーにとっての今後の車載市場の正しい見方である。

第14章

変わる都市の姿、インフラ事業者に飛躍の好機

変わる都市の姿、インフラ事業者に飛躍の好機

CASE（コネクテッド、自動運転、シェアリング、電動化）時代における自動車の機能・役割の変化は、同時にモビリティー機能を支える社会インフラの変化を促す。この変化は、それを「造る」プレーヤーにとって新たな事業機会をもたらす。本章では、CASEというトレンドによる自動車の変化が都市インフラにどのような影響をもたらすのか、そのときに都市インフラを造るプレーヤーにどのような事業機会が生じるのかといった点について考察する。

多岐にわたる都市インフラのプレーヤー

まず、都市インフラを造るプレーヤーを属性別に整理する（**図14-1**）。近年では、インフラとしての機能を有するものがハードウエアに限らなくなっているが、今回は都市インフラを造る「ものづくり企業」に焦点を当て、都市インフラのハードウエアについて論じる。

また、都市インフラに関わるプレーヤーとしては官公庁の他に、ユーティリティーや各種オペレーターといった都市インフラを「運営する」プレーヤーもいるが、第14章では「造る」プレーヤーに焦点を当てる。

一般的に都市インフラは、計画し、機器や設備を製造し、建設・据付を行うことで利用できるようになる。計画段階におけるプレーヤーは、「デベロッパー」と呼ばれる（ここで言うデベロッパーには、鉄道会社のデベロッパー部門などデベロッパー機能を提供する主体も含む）。都市づくりの計画立案やプロジェクト全体を推進していく機能を担う。

機器・設備の製造段階は、各種インフラ機器・設備メーカーが担う。この中には、通信基地局などを造る情報通信インフラメーカー、道路・橋梁・信号などを造る交通インフラメーカー、エネルギーを

都市インフラを「作る」プレーヤー（広義のメーカー／サプライヤー）

段階	区分	プレーヤー	内容
計画	デベロッパー	都市開発デベロッパー	■都市作りの計画立案／プロジェクト推進・調整機能を有するプレーヤー
機器・施設（ハードウエア）製造	インフラ機器・設備メーカー	情報通信インフラメーカー	■通信インフラ（通信基地局など）に関連するハードウエアを製造するメーカー
		交通インフラメーカー	■交通インフラ（道路・橋梁・信号など）に関連するハードウエアを製造するメーカー
		エネルギーインフラメーカー	■電力・ガス・燃料油などのエネルギー供給網向けのハードウエアを製造するメーカー
		水インフラメーカー	■上下水道・水処理などに関連するハードウエアを製造するメーカー
据付施工	コントラクター	ハウスメーカー	■住宅コントラクターの側面だけでなく自ら工場を保有し、ハードウエアメーカーとしての側面も
		ゼネコン／準ゼネコン／プラントエンジ	■大型工事の総合的な企画、指導、調整を請負う大規模な工事業者、及びエンジニアリング会社
		専門工事業者	■特定工事（道路工事や電気工事など）に特化した小中規模な工事業者

都市インフラを「運営する」プレーヤー（オペレーター／サービサー）

区分	プレーヤー
行政	行政（官公庁／地方自治体）
情報通信インフラ系	移動体通信会社
	固定電気通信会社
エネルギーインフラ系	電力会社
	ガス会社
	石油会社
	燃料商社
交通インフラ系	鉄道会社
	バス会社
	タクシー会社
	道路公団
水インフラ系	水道局
	水処理・汚泥処理会社

図14-1　都市インフラの担い手
（出所：ADL）

「作る」「ためる」「運ぶ」設備などを造るエネルギーインフラメーカー、水処理施設などを造る水インフラメーカーが含まれる。

最後の機器・設備の据付・施工工事は、ゼネコンやエンジニアリング会社、特定の専門工事を担う専門工事業者が担う。また、居住空間を提供するハウスメーカーも、同様の役割を担っている（ハウスメーカーの一部は工場を保有しており、機器・設備メーカーの側面もある）。

情報通信・交通・エネルギー・水インフラが変わる

CASEトレンドによる自動車の在り方の変化と、それに伴う都市インフラの変化を整理したのが**図14-2**である。「コネクテッド

(Connected)」では外部情報を受ける従来のインフォテインメントにとどまらず、モビリティーデータを活用した利便性の高いサービスの実現に向けて、車内情報と車外情報を円滑に連携させていくことが求められる。

インフォテインメントとしての情報も、「自動運転(Autonomous)」に伴う車室内の余暇時間の拡大に合わせて、AR(拡張現実)・VR(仮想現実)コンテンツの提供も想定されており、大容量の情報コンテンツ提供が求められ始めている。

また、自動運転では自動走行の利用可能なシーンの拡大に向けて、交通流の複雑な区域や死角が多い区画では、外部環境のより高次な把握が求められる。さらに前述したように、車内空間の過ごし方が変わり、高付加価値空間に代わることで、インフォテインメントへの質的

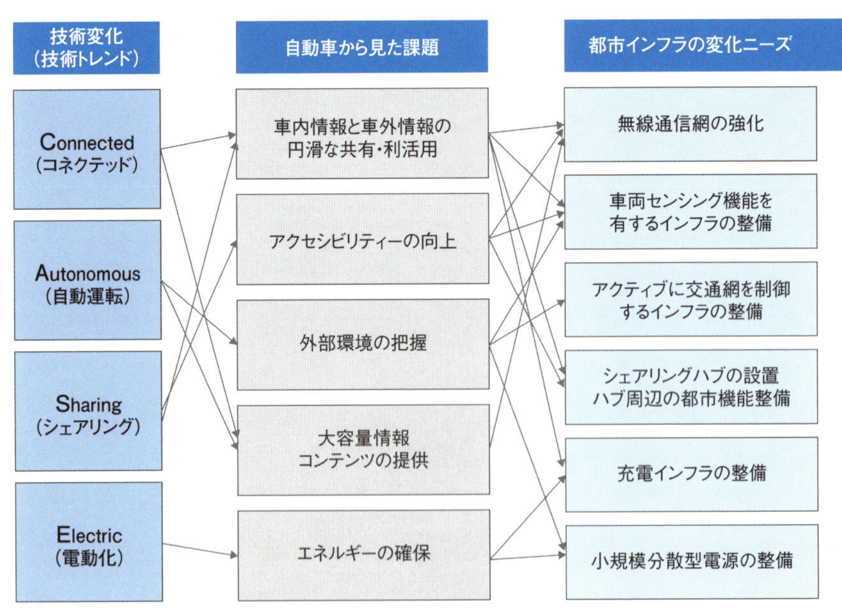

図14-2 CASEトレンドを受けた都市インフラの変化ニーズ
(出所:ADL)

欲求も変化すると考えられる。

「シェアリング（Sharing）」では利便性の向上に向けて、情報通信接続による位置情報や利用情報の取得に加えて、物理的な結節性も含めたアクセシビリティーの向上が求められている。

コネクテッドと自動運転、シェアリングの台頭により都市インフラでは、まずテレマティクス機能の発展やV2X（車車間・路車間通信）による通信量の爆発的な増大に伴い、「無線通信網の強化（高速化や適用範囲の拡大など）」が求められる。

また、車両の位置・操舵（そうだ）に関する情報を外側から検知するための「車両センシング機能を有するインフラ設備」、車両情報を検知・解析してリアルタイムかつ「アクティブに交通網を整備する交通インフラ（道路・橋梁・信号・標識など）」の拡充が求められる。

都市インフラの変化ニーズ

ニーズ	分類	
■テレマティクス機能の発展並びにV2Xにおける通信量の爆発的増大に伴い、無線通信網の強化（高速化/適用範囲拡大など）が求められる	情報通信インフラの変化	
■車両の位置・操舵に関する情報を“外側から”検知するためのインフラ設備が求められる	情報通信インフラの変化	交通インフラの変化
■車両情報を検知・解析してリアルタイムかつアクティブに交通網を整備する交通インフラ（道路・橋梁・信号・標識など）の拡充が求められる	情報通信インフラの変化	交通インフラの変化
■シェアリングサービサーや利用者の拠点となる「ハブインフラ」の設置が求められる ■併せて、「ヒト」や「車両」が集まるハブ周辺の都市機能の整備ニーズも勃興		交通インフラの変化
■「場所」や「時間」を選ばないフレキシブルな充電インフラの整備が求められる	エネルギーインフラの変化	
■送配電網の維持管理コスト低減などを理由に、小規模な発電設備の分散配置ニーズが増大	エネルギーインフラの変化	水インフラの変化

シェアリングの視点では、シェアリングサービサーや利用者にとっての拠点となる「シェアリングハブインフラの設置」が求められ、併せて、「ヒト」や「車両」が集まる「ハブ周辺の都市機能の整備」ニーズの勃興が見込まれる。

「電動化（Electric）」では、これまでエネルギー密度の高い化石燃料を動力源にしていたものが、電気エネルギーの蓄積量が限られる電池に代わることで、外出先での“電欠”に備えた充電インフラを整備する必要がある。また、過剰に電池を積むと車両質量の増大を招くことから、電池レス化を進めるための走行中給電の考え方も必要になってくるだろう。

電池性能の限界に起因する航続距離や充電時間、積載量制約の問題への対策に向けて、場所や時間を選ばないフレキシブルな充電インフラの整備が求められる。また、再生可能エネルギーの普及や送電網の維持管理コストの低減などを背景に、小規模分散型電源の整備が進む。いずれは、充電インフラの側で発電し、一時的に蓄電して充電するといったエネルギーの「作る」「ためる」「使う」を一体化した充電インフラ設備に変化していく可能性があるだろう。

結果として、電気自動車（EV）の充電に使う再生可能エネルギーは、太陽光発電や風力発電、水処理施設の汚泥からのバイオマス発電など地域によって最適なものからもたらされることになり、地域のエネルギーインフラを大きく変える可能性があるだろう。

このようにCASEのトレンドは自動車産業だけでなく、都市インフラ、その中でも情報通信、交通、エネルギー、水などの各種インフラの変化を促すことになるだろう。そのような都市インフラの再構築の流れの中で、都市インフラを造るプレーヤーにとって、事業機会はどのようなものがあるだろうか。以下、都市インフラサプライヤーの視点と、自動車部品サプライヤーの視点の双方を検討する。

都市インフラサプライヤーに豊富な事業機会

都市インフラの変化によって、各都市インフラサプライヤーにどのような事業機会が生じるかを整理したのが図14-3である。

無線通信網の強化といった都市インフラの変化に対しては、情報通信インフラメーカーには5G基地局向けハードウエアの製造販売、通信系の専門工事業者にはそれらの据付工事や既存基地局の改良工事といった機会が期待できる。

車両センシング機能を有するインフラ整備といった変化に対しては、都市開発デベロッパーには、安全かつ円滑な交通網を備えた都市機能計画を立案する機会が考えられる。情報通信インフラメーカーには、そのための車両の位置・操舵情報を検知するためのセンシング用ハードウエアを製造販売する機会が生まれるだろう。

また、交通インフラメーカーには、センシング機能を搭載した信号機や道路などの交通インフラを整備する機会、ゼネコンやエンジニアリング会社、専門工事業者にはそれらの据付工事という機会が考えられる。

アクティブに交通網を制御するインフラの整備においても同様である。都市開発デベロッパー、情報通信インフラメーカー、交通インフラメーカー、各種コンストラクターにとって、専用ハードウエアの製造販売や据付工事の機会が生まれる可能性がある。

シェアリングハブの設置やハブ周辺の都市機能整備といった都市インフラの変化に対しては、都市開発デベロッパーにはシェアリングハブ機能を活用した都市計画の立案、交通インフラメーカーにはシェアリングハブ拠点用ハードウエア製造、コンストラクターにとってはハブ拠点の据付工事の機会が考えられる。

一方、電動化のトレンドによって生じる充電インフラの整備や小規模分散型電源の整備といった都市インフラの変化に対しては、エネルギーインフラメーカーに給電設備用ハードウエアや太陽光、風力、バイオマスなどの小規模分散発電装置の製造販売の機会が期待できる。

水インフラメーカーには、水処理に関連する小規模分散発電装置の

凡例：事業機会大／事業機会小

			CASEトレンドを受けた都市インフラの変化ニーズ					
			無線通信網の強化	車両センシング機能を有するインフラの整備	アクティブに交通網を制御するインフラの整備	シェアリングハブの設置・ハブ周辺の都市機能整備	充電インフラの整備	小規模分散型電源の整備
計画	デベロッパー	都市開発デベロッパー		安全かつ円滑な運営に適した交通網並びに都市機能計画の立案・推進		ハブ機能を活用した都市計画の立案・推進		
機器・施設(ハードウエア)製造	インフラ機器・設備メーカー	情報通信インフラメーカー	5G基地局向けハードウエア製造	車両センシング用ハードウエア製造(位置・操舵情報検知など)	交通網情報統制用ハードウエア製造		無線給電量の計測用ハードウエア	
機器・施設(ハードウエア)製造	インフラ機器・設備メーカー	交通インフラメーカー		センシング機能を搭載した交通インフラ用ハードウエア製造(信号機・道路など)	交通網情報統制用ハードウエア製造(信号機、標識、踏切など)	シェアリングハブ拠点用ハードウエア製造	無線給電用ハードウエア製造(道路など)	
機器・施設(ハードウエア)製造	インフラ機器・設備メーカー	エネルギーインフラメーカー					給電設備用及びバッテリー交換設備用ハードウエアの製造	小規模発電装置向けハードウエア製造(PV、風力、バイオマスなど)
機器・施設(ハードウエア)製造	インフラ機器・設備メーカー	水インフラメーカー						水処理に関連する発電設備向けハードウエア製造(小水力、活性汚泥など)
機器・施設(ハードウエア)製造	インフラ機器・設備メーカー	ハウスメーカー					家庭用充電設備の据付工事	
据付施工	コンストラクター	ゼネコン/準ゼネコン/プラントエンジ		交通インフラハードウエア及び構造物の据付工事(信号、道路、橋梁など)		シェアリングハブ拠点の据付工事(カーシェア用駐車場など)	大規模・複数給電設備の据付工事(路面無線給電設備等)	発電装置の据付工事
据付施工	コンストラクター	専門工事業者	5G基地局の新規据付工事/既存基地局の改良工事	工事の一部をゼネコンなどから受注			給電設備/バッテリー自動交換設備の据付工事	特に小規模な発電設備(主にPV)の据付工事

図14-3　都市インフラサプライヤーとしての事業機会
(出所：ADL)

製造販売、ハウスメーカーにはEVの普及によって生じる充電設備が設置された住宅の販売、各種コントラクターにはこれらの機器・設備の設置工事の機会が生まれるだろう。

自動車サプライヤーの事業機会は期待薄？

都市インフラと自動車の接点として、自動車側でも都市インフラを「作る」プレーヤーとして取り組むべき領域はある。

ただ、CASEのトレンドを受けた自動車部品サプライヤーとしての事業機会は、都市インフラサプライヤーほどは期待できないと見られる。都市インフラを造るプレーヤーにとってCASEトレンドは、あくまで都市インフラサプライヤーとしてとらえることが重要になるだろう（**図14-4**）。

各事業者が注目すべきCASEトレンド

最後に、これまで見てきた各プレーヤーにとっての事業機会を整理する。都市開発デベロッパーが注目すべきトレンドは、コネクテッドと自動運転、シェアリングだろう（**図14-5**）。

コネクテッドカーや（高レベルな）自動運転車、シェアリングの普及に伴い、大規模なインフラ整備ニーズが勃興し、行政を含む様々なプレーヤーを巻き込んだ都市インフラの大規模な「造り直し」の機会が到来することが期待できる。

情報通信メーカーや交通インフラメーカーが注目すべきトレンドは、コネクテッドと自動運転と思われる。増大する情報通信ニーズや車両情報を検知して、アクティブに交通網を制御する次世代交通インフラ（道路、信号など）は、新たなハードウエアの供給機会が期待できる。

また一部の交通インフラメーカーにとっては、シェアリングのトレンドも無視できない。シェアリングの普及に伴い、自走式駐車場をシェアリングハブとして活用するためハードウエア供給の機会などが生まれそうだ。

事業機会大
事業機会小

			CASEトレンドを受けた都市インフラの変化ニーズ					
			無線通信網の強化	車両センシング機能を有するインフラの整備	アクティブに交通網を制御するインフラの整備	シェアリングハブの設置・ハブ周辺の都市機能整備	充電インフラの整備	小規模分散型電源の整備
計画	デベロッパー	都市開発デベロッパー						
機器・施設（ハードウエア）製造	インフラ機器・設備メーカー	情報通信インフラメーカー	V2X用通信モジュールの製造					
		交通インフラメーカー						
		エネルギーインフラメーカー				プラグイン充電用の部品製造		
		水インフラメーカー						
		ハウスメーカー						
据付施工	コントラクター	ゼネコン/準ゼネコン/プラントエンジ						
		専門工事業者						

図14-4　自動車部品サプライヤーとしての事業機会
（出所：ADL）

エネルギーインフラメーカーや水インフラメーカー、ハウスメーカーは既存の事業戦略の中で、電動化のトレンドに目配せすることが欠かせないだろう。

	都市インフラサプライヤーとして	自動車部品サプライヤーとして
都市開発デベロッパー	■C/A/Sトレンドを受けて、都市インフラの大規模な'作り直し'のチャンスが到来 ーコネクテッドカー／（高レベルな）自動運転車の普及に伴い、大規模なインフラ整備ニーズ（広範囲にわたる車両センシング・交通制御システム導入など）が勃興し、行政含む様々なプレーヤーを巻き込んだ都市整備の機会が発生 ーシェアリングサービスの普及に伴い、「ヒト」や「車両」が集まるハブ周辺の都市機能の開発機会が発生	
情報通信インフラメーカー	■（モビリティーに係る）情報通信機器・センシングハードウエアの供給機会が拡大 ーコネクテッドカー／（高レベルな）自動運転車の普及に伴い、5G基地局向けH/W（通信機器等）供給の事業機会が発生 ーまた、交通インフラ向けの車両位置・操舵情報センシングハードウエアや、交通網制御用の情報統制ハードウエア供給機会も増加	■V2X通信モジュールの供給機会拡大
交通インフラメーカー	■C/Aトレンドを加速させる'次世代交通インフラ'向けハードウエアの供給機会が勃興 ー車両情報を検知し、アクティブに交通網を制御する次世代の交通インフラ（道路、信号機、看板、橋梁など）向けハードウエア供給の事業機会が発生 ■シェアリングサービサーと利用者の物理的接点を作る「ハブ機能」の供給機会も ーカーシェアリング事業の拡大に伴い、利用者が集うハブ拠点を整備する機会が発生（シェアリング向け駐車場など）	
エネルギーインフラメーカー	■自律分散型小型発電所や給電設備用ハードウエアの供給機会が増大 ー電動車の普及に伴い、利用者の行動圏内に併せて給電設備の配置が求められ、それに伴い給電設備用ハードウエアの供給機会が増大 ー各地域に配置された給電設備に送電するための自律分散型小型発電所設置ニーズが増大（供給ロスの削減・送電網維持コストの削減）	■プラグイン充電用の部品製造
水インフラメーカー	■小型発電所の一部方式にハードウエア供給に関する事業機会があるか ー小水力、活性汚泥などの小規模発電設備の一部方式向けにハードウエア供給機会が存在	
ハウスメーカー	■新築物件用充電設備の据付工事の事業機会が拡大 ー電動車の普及に伴い、自宅での給電設備配置ニーズが増大し、新築物件での給電設備セット売り機会が増大	
ゼネコン/準ゼネコン/プラントエンジ	■CASEトレンドにひも付く大規模インフラ整備の工事機会が拡大 ー交通インフラ（信号、道路、橋梁など）やシェアリングハブ拠点の据付などの大規模工事の機会が拡大	
専門工事業者	■インフラ整備における小規模かつ機能が限定された工事受注チャンスが到来 ー5G基地局の設置や給電設備、及びPVなどの一部小規模発電設備において、ゼネコンなどが対応しにくい「小規模」かつある程度「機能が限定された」設備の工事に商機	

図14-5　各プレーヤーにとっての事業機会を整理
（出所：ADL）

EVへのエネルギー供給用のハードウエアの供給機会だけでなく、自社のキーとなるハードウエアを武器にして、EVから電力系統に電力を供給する「V2G（Vehicle to Grid）」や、家庭に電力を供給する「V2H（Vehicle to Home）」などを組み込んだソリューションを提供していく機会が期待できる。

電動化のトレンドをとらえた事業展開を行うことで、いずれは地産地消のエネルギー循環チェーンといったエネルギーインフラを再構築する機会も生まれそうだ。

最後にゼネコン、エンジニアリング会社、専門工事業者といったコントラクターにとってCASEのトレンドは、多様な事業機会を生み出す可能性がある。確実に案件を獲得していくためには、トレンドに目配せすると共に関連プレーヤーとの関係性を構築していくことが重要になるだろう。

これまで、都市インフラを造る多くのプレーヤーにとって、自動車産業は必ずしも事業の主戦場ではなかった側面が強い。しかし、100年に1度の大変革期と言われる自動車産業におけるCASEのトレンドは、これらのプレーヤーにとって多くの事業機会が期待できる潮流である。そのトレンドをとらえていくことで、都市インフラを造るプレーヤーに大きな飛躍をもたらす可能性がある。

第15章

クルマ造りの構造変化で高まる業界再編の機運

クルマ造りの構造変化で高まる業界再編の機運

現在、自動車業界はCASE（コネクテッド、自動運転、シェアリング、電動化）時代への対応に追われている。過去10～20年と直近のCASE時代では、何が異なるのだろうか。完成車メーカー（OEM）の主戦場がクルマ造りからサービスに移行してきており、OEMが顧客との接点を維持するためにモビリティーサービスへの進出を余儀なくされている。

結果として社内のリソースがサービス・アプリケーション開発に振り分けられ、全体的な開発人材不足に陥っている。つまり、過去の10～20年はOEMが主導で開発を進めてきたが、最近はOEM単独での開発に限界が近づいているところが大きな違いである。

直近のCASEトレンドを振り返ると、コネクテッドについてはトヨタ自動車が2002年にテレマティクスサービスとして「G-Book・G-Link」を立ち上げ、ナビゲーションやインフォテインメントに加え、オペレーターによる車載端末の設定や情報の検索サービスを展開してきた。日産自動車やホンダも「カーウイングス」や「インターナビ」の名称で、2002年にサービスを始めた。

自動運転・先進運転支援システム（ADAS）については、トヨタのSUV（多目的スポーツ車）「ハリアー」が2003年にプリクラッシュセーフティシステムを、ホンダのセダン「インスパイア」が同年に追突軽減ブレーキにシートベルトのプリテンショナー機能を組み合わせたシステムを導入するなど、2000年代前半には各社が自動運転の「レベル1（SAE基準）」の車両を市場に投入した。

また、1996年には警察庁や通商産業省（当時）、運輸省（同）、郵政省（同）、建設省（同）が共同で、「高度道路交通システム（ITS）推進に関する全体構想」を策定。以来、ITSの将来ビジョンに向けた国家的な取り組みを推進してきた。

シェアリングについては、以前からカーリース・レンタカーといった利用型のサービスは根付いていた。電動化についても、トヨタがハイブリッド車（HEV）「初代プリウス」を1997年に発売した。

再編ニーズが生まれるメカニズム

電動化・自動運転のトレンドと同様に、過去から自動車部品業界で取り沙汰されてきたトピックの1つに「業界再編」がある。ティア2・3のサプライヤーにとって、事業承継を機にファンドや他企業の力を借りるケースもあるが、今回はサプライヤーの事業性が棄損されて単独で戦うことが困難になり、合従連衡が進む可能性について論じる。

業界再編のニーズが生まれるメカニズムは**図15-1**の通りである。CASEの進展がグローバル最適調達の推進や自動車部品の付加価値変化などOEMの方針変化を引き起こし、その結果としてティア1・2のサプライヤーの製品単体での付加価値維持が困難になり、製品ラインナップの拡充や規模の拡大に向けた合従連衡が進むというシナリオである。

実は、このシナリオ自体は5～10年前からメディアや書籍などで述べられているが、実際の業界再編は一部の系列・企業に限定されるといった局所的な動きであったことは否めない。なぜ、日本国内の自動車部品業界でこれまで、業界再編は大きな流れとならなかったのだろうか。

一言でいえば、OEMの主戦場がクルマ造りであり、従来通りの開発・生産の強化・立て直しが急務だったからである。2000年代前半まではOEM各社とも海外生産を増やしていたし、2008年以降のリーマン・ショックや2011年のタイの水害、東日本大震災などによる販売・生産の立て直しに追われていた。そのため、CASEやMaaS（Mobility as a Service）といった新たな領域まで手が回っていなかっ

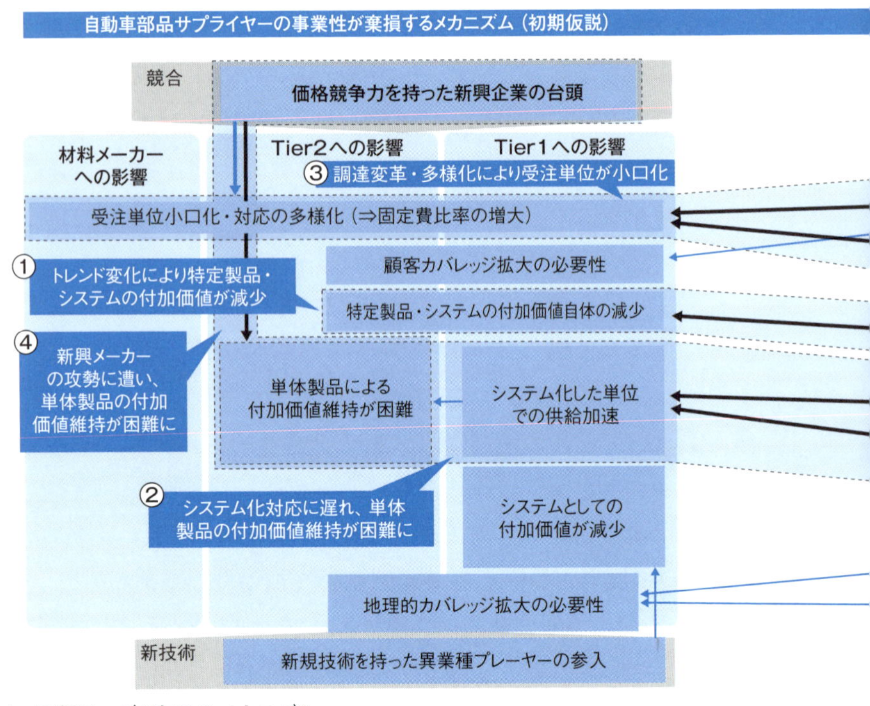

図15-1　再編ニーズが起こるメカニズム
（出所：ADL）

たのが実情である。

これまでのトレンドとCASE時代の大きな違いは、OEMのリソース不足であることは前に述べたが、業界再編のメカニズムにおいても、これまでと違う動きが出始めている（**図15-2**）。

具体的には、HEVの開発に向けてOEMの垣根を超えた“陣営化”や部品標準化によるメガリコールの発生の可能性が高まっている。また黒船到来という意味では、中国・インド系の部品メーカーが台頭してきており、ICTサプライヤーによるスマートフォンを軸にした車載部品への進出が加速している。

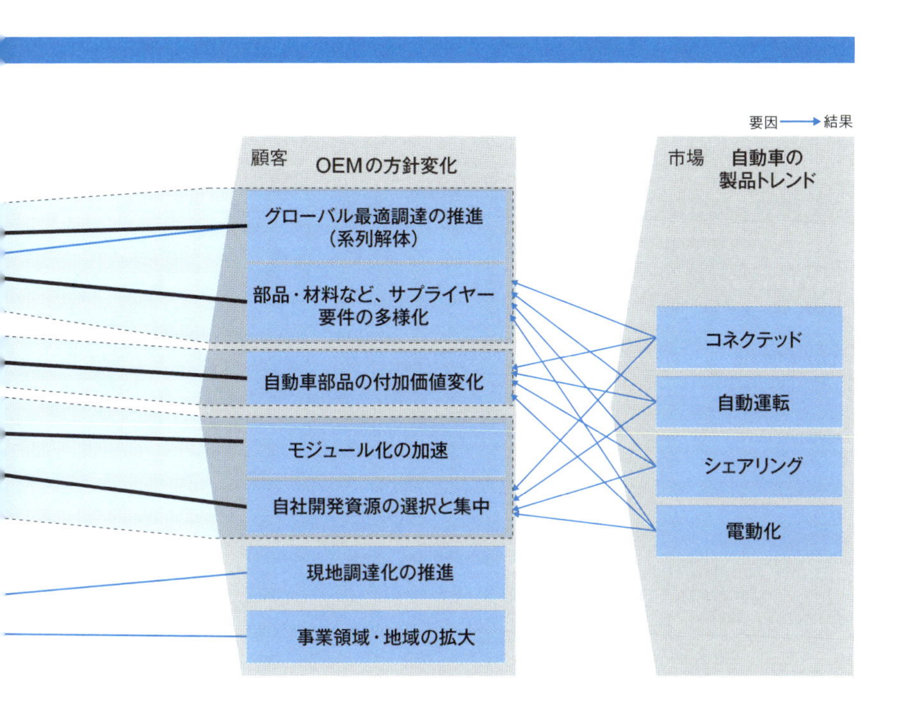

従来、OEMは主戦場のクルマ造りでの高付加価値化のためサプライヤーと連携して開発を進めてきた。しかし、昨今はリソース不足により、車両開発を一部サプライヤーや他OEMに任せる動きが加速してきている。

その象徴的な動きが、トヨタグループ内における統合ECU（電子制御ユニット）ソフトウエア開発に向けた「J-QuAD DYNAMICS」や、駆動モジュール開発・販売を手掛ける「BluE Nexus」の設立である（**図15-3**）。

競合他社も、同様の対応が迫られると考えられる。これらは自動運

	業界再編を導くOEM方針変化	過去の動向（2013年以前）
OEM	グローバル最適調達の推進（系列解体）	コスト競争力強化に向けた"他流試合"の促進（1999：日産リバイバルプラン、2000：トヨタCCC21）
	部品・材料など、サプライヤー要件の多様化	電動化（HEV）・ADASの登場（1997：プリウス、2008年：アイサイト）
	自動車部品の付加価値変化	テレマティクスサービスの登場（1996：GM Onstar、2002：トヨタG-BOOK）
	モジュール化の加速	プラットフォーム戦略の展開（2013：コモンアーキテクチャー・CMF、2015：TNGA）
	自社開発資源の選択と集中	SW高度化に向けた協調領域の標準化（2003：欧AUTOSAR設立、2004：日JASPAR設立）
	現地調達化の推進	新興国戦略車の投入（2002：トヨタIMV、2010：マーチ生産移管）
	事業領域・地域の拡大	非自動車領域の事業検討（2002：トヨタ重点事業化分野-環境/生活/先端分野）
競合	価格競争力を持った新興企業の台頭	新興サプライヤーのプレゼンスは限定的（2012：Top Supplier100は92位Dicastalのみ）
新技術	新規技術を持った異業種プレーヤーの参入	OEMとサプライヤーの共同開発が主流

日産系列解体
トヨタ系再編

図15-2　業界再編要因の動向
（出所：各種公開情報よりADLが作成）

転や電動化の普及をうたっており、CASE時代への対応を中心に据えている。今後、これらの動きは業界全体に波及するとも考えられる。過去の議論に比べて、自動車部品業界の再編の機運は明らかに高まってきたと言える。

自立経営が求められるサプライヤー

自動車部品業界において再編の機運が高まってくると、これまでOEMから大きな影響（有形無形の支援）を受けていたサプライヤーは今後、これまで以上に自立した経営が求められるようになる。

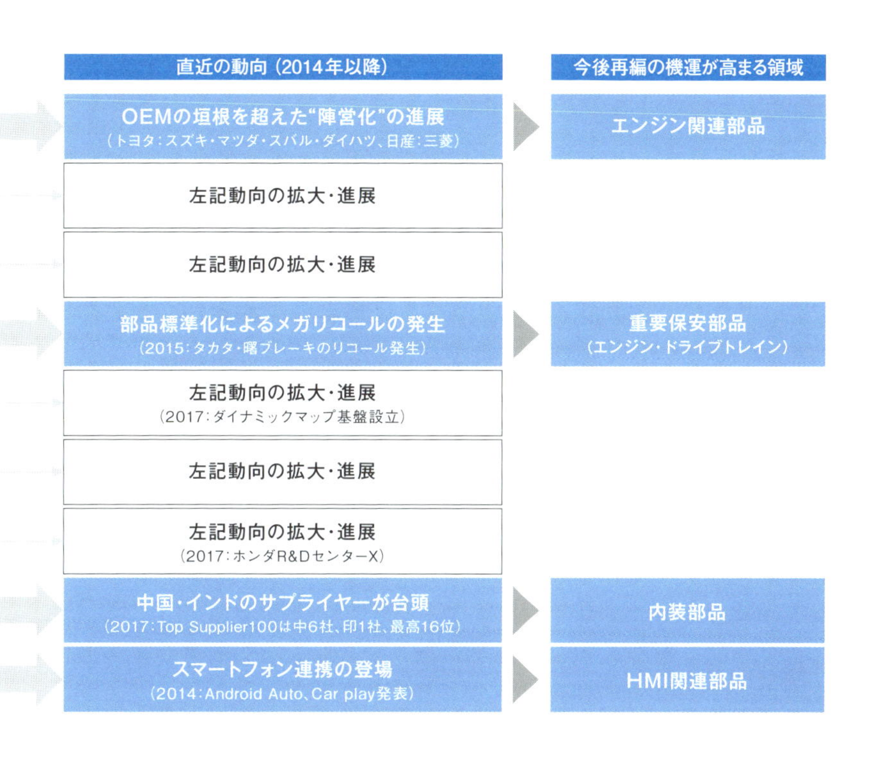

事業における競争優位を獲得するための経営要素として、弊社では「SPROモデル」を提唱している。これまでOEMは資本政策・資金調達ニーズなどへの支援（≒ファンド機能の一部。詳細は後述）、戦略的な方向性付けや改善指導（≒コンサルティング機能）を果たしてきた側面がある。ただしこれらは今後、サプライヤーが新たなパートナリングも行いながら自ら担保していくことが求められる（**図15-4**）。

ここからは、プライベート・エクイティー・ファンド（PEファンド）のようなプレーヤーとの協業により、サプライヤーがどのような

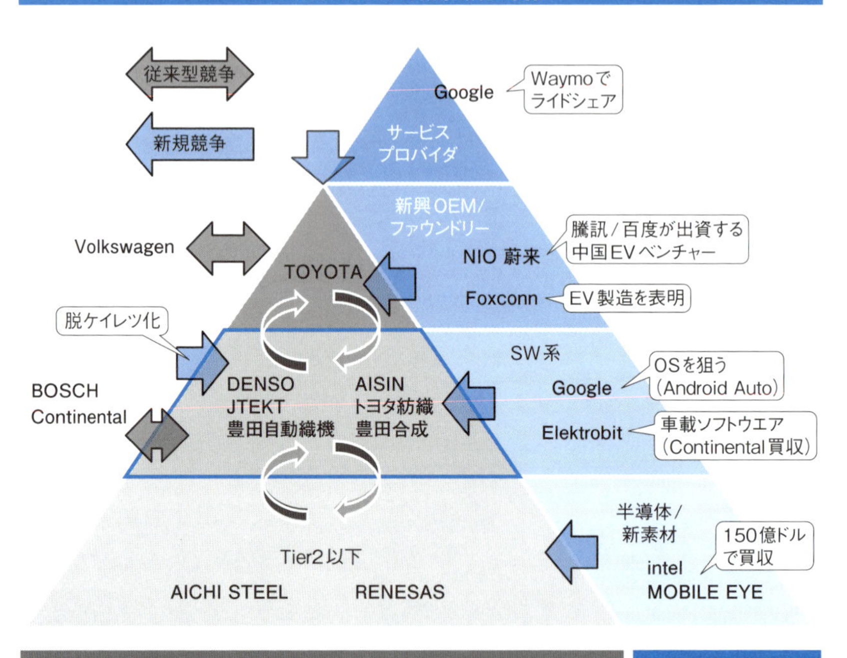

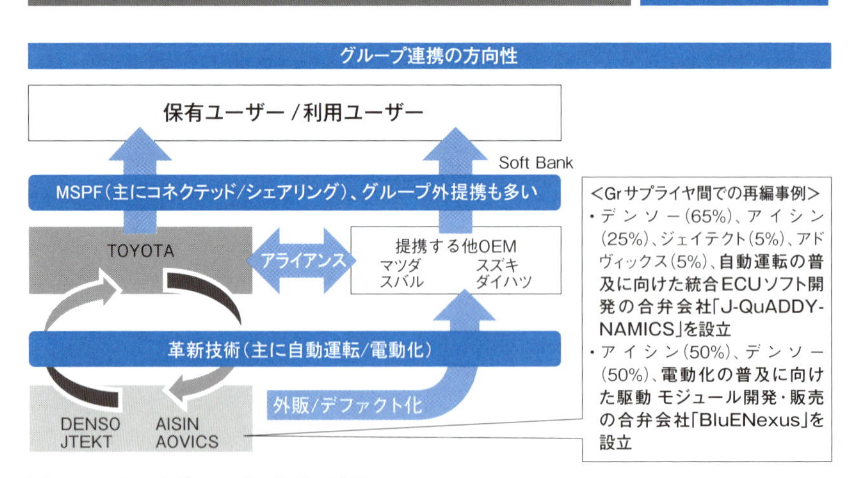

図15-3　トヨタグループにおける連携
（出所：各種公開情報を基にADLが作成）

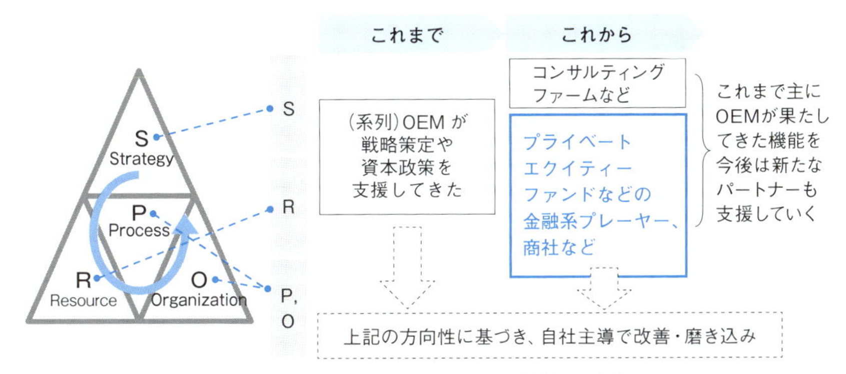

図15-4　競争優位の維持・強化に向けたパートナリング対象の変化
（出所：ADL）

ポイントで自社の競争力を高めていくことができるかを見ていく。PEファンドが提供する付加価値は多岐にわたるが、ここではSPROモデルに沿って整理する（**図15-5**）。

まず、戦略（Strategy）の観点から、意思決定に関するものとして、PDCAサイクルとガバナンスについて述べる。

多くの企業において中期経営計画（中計）など大きな戦略方向性を策定した際は、それを具体的なアクションプラン（行動計画）へ落とし込んでいく。それから半年、1年がたち、次期中計の策定時までに十分な振り返りがなされないまま積み残しになっているケースが見受けられる。

中計がどの程度進捗したのかという評価までが記載されていたとしても、それが進まなかった理由については外部環境要因と内部要因の切り分けはなく、次年度・次期の中計においても同じような内容のまま目標・プランを言葉だけ変えて焼き直していることがある（PDCAサイクルの問題）。

また、場合によってはそれと同時に、社内的な力学・創業家やOBに絡む事業判断など過去の経緯により、社内で課題意識は持ちつつも

	付加価値（例）
Strategy	■PDCA サイクル、ガバナンスの強化 （未着手のまま棚ざらしになっている戦略アジェンダをそのまま放置させない、不合理な判断や“聖域”に蓋をしない果断な意思決定・経営への進化） ■中期経営計画・長期ビジョンの精度向上 （第三者の目による冷静なレビュー、外部アドバイザー活用による経営判断の基礎となる情報の拡充）
Resource	■人財の強化 （自社では難しかった高レベル人財のヘッドハンティング・統合の支援、社内モチベーションの喚起） ■戦略投資の原資確保 ■M&A のケイパビリティー向上 （案件ソーシング、買収実務、経営統合など各フェーズにおける能力の向上）
Process, Organization	■組織・プロセス改革の推進 （現状維持を選好しがちな組織体質でも、必要とあらばある種の強制力を持って推進する旗振り機能の強化）

図15-5　PEファンドの提供する付加価値の例
（出所：ADL）

適切に手を打つことなく先送りされるものもある（ガバナンスの問題）。

こうした点において、ファンド（株主であり、経営陣の一部であり、一方で外部の視点を持つ）という存在を利用することにより、何年も同じアジェンダが経営資料に残るといったことをなくし、重要なテーマであれば必要なリソースを使って検討・解決していく道筋を付けることができる。

また、ファンドが参画するタイミングでは通常、改めて中計（または長期ビジョン）を策定するケースも多い。そうした際には、自社の強み・課題認識を客観的に見直したうえで、計画が具体的なアクションプランにまで落とし込まれる。必要に応じてさらに外部アドバイザーも活用して、自力での収集・分析能力では不足していた情報、新たな視点、将来の見立てなどをインプットし、以前よりもさらに精度高く作り込んでいくことになる。

投資ファンドの活用で組織能力を強化

経営リソースの観点では、主なものとしてヒト・モノ・カネがあるが、まずは人材に関して述べる。

自動車サプライヤーの中でも特に地方に本拠を持つ企業では、採用・リテイン（雇用維持）に苦慮している企業も多い。それに対してファンドは、中途採用・インテグレーション、リテイン・モチベーション向上といった点において強力な支援が可能となる。

ファンドはその業務の一環として、特に有力な経営幹部・現場の中核となるような人材の中途採用にノウハウを持ち、比較的短期で組織能力を大幅に強化することに長けている。具体的には、国内だけでなくグローバルも含めた有力なヘッドハンティング会社とのネットワークを持ち、必要としている人材像の適切な伝え方や探し方、既存の社内体系とは異なる柔軟な報酬水準を設定できる。

加えて、ファンドが有名であるほど、その投資先企業にヘッドハンティングされて働くということ自体がある種のブランディング効果を持ち、転職を考える人材にとっての大きな魅力となる。その結果、以前であれば採用が難しかった有力な人材を新たに獲得することができる。

例えば、欧州など海外の有力サプライヤー出身の人材を獲得したことを活用して、それまで進捗の芳しくなかった中国での営業活動においてプレゼンスを高め、結果として先方から見え方が変わり急に営業のドアが開き始めるといった事例もある。

過去から自社を支えていた人材に対しても、新たな報酬体系（インセンティブ）を設計することにより成果連動の比率を高め、モチベーションの喚起を促すことができる。その際にはもちろん、新しい人材を組織の要所に受け入れる素地・仕組みが必要である。

これらがなくては、新しい人材に能力を発揮してもらえないどころか、軋轢だけが生まれて余計な内向きの意識がネガティブな影響を起こしかねない。だからこそ、この点においても、新しい人材の採用・インテグレーションにノウハウを持つファンドの支援が有用となる。

モノ・カネを含めた観点からは、戦略投資の原資を確保することと、M&A（企業の合併・買収）によってケイパビリティー（組織的な能力）を向上することが挙げられる。経営戦略上必要とされ、成算の立つものにおいては、設備投資に限らずそれまでの財務体質では難しかった施策に対して、より積極的に取り組める可能性がある。

ただし、ファンドが参画する際には、十分なすり合わせの下で中計期間の投資計画策定・キャッシュフローの試算がなされる。そのため「打ち出の小づち」のように、無尽蔵に投資資金が生まれてくるわけではない点に留意する必要がある。

M&Aで描く成長戦略

M&Aに関しては人材採用と同様に、ソーシング（買収・提携に関する情報収集から先方とのコミュニケーション・意向のすり合わせ）、実際の買収実務、買収後の統合作業（PMI：Post-Merger Integration）において経験豊富な人材がいるため、国内外を問わず従来に比べてより積極的な成長戦略を描くことができる。

例えば、海外のサプライヤーを買収した日系サプライヤーにおいては、先方が持つ欧州OEM向けのビジネスノウハウ（国内最大手のティア1でも以前から苦戦している領域）や、よりIT化の進んだ先進的な業務プロセスを自社に導入していくことも可能となる。製品ラインナップの拡大・補完や、顧客アカウントの獲得、版図の拡大（営業・生産拠点を含めた事業展開地域の拡大）といったM&Aにおける直接的な成果の裏で、これらもまた自社の競争優位獲得・強化につながり得る。

最後に、プロセス・組織の観点から考察する。ものづくり能力に優れるとされる日本の製造業、特に自動車産業においても、全社横断的に業界における自社の立ち位置・実力値を改めて見直すと、オペレーション上の課題が浮き彫りになる。

それは研究開発活動における生産性であったり、生産部門における在庫管理であったりと内容はケース・バイ・ケースである。それらはファンドが参画する際のレビュー時に特定され、具体的な目標値の設定と共に改善が図られる（必要に応じて外部アドバイザーも活用される）。

重要なのは、「ある程度認識されていたが、先送りされていた問題」や、「競合も含めてこれぐらいの水準と思っており、それほど課題として認識されていなかった問題」も含めて、聖域なく「やるべきことはやる」という精神で活動に落とし込む点である。

組織体制・業務プロセスの変更は一時的には負荷のかかるものであるため、日常業務を着実に運営することに対して最適化された組織では、これを自前でやり切ることは、それに向き合うモチベーションとしても実際の能力としても難しい。そのため、この意味でも外部の視点であり、株主としてある種の圧力・強制力を持って強く進められるファンドという存在があってこそ、着実に変革を推進・加速できると言える。

自動車サプライヤーの中には、「ファンドは怖い、コンサルティングファームはうさん臭い」といった旧来のステレオタイプなイメージを持つ方もおられるかもしれない。しかし、今回述べてきたことを機に、外部パートナー・アドバイザーの活用を通じて、さらなる成長を目指すというオプションがあることを理解して頂ければ幸いである。

第4部

モビリティーサプライヤー業界のキーパーソンに訊く

- デンソー
- 東レ
- 坂本工業
- KKRジャパン
- 経済産業省

デンソー

技術と社員の実現力で変化をチャンスに

CASEは、切り口の異なる4領域の技術革新が同時に起きるまさに大変革。しかも、それぞれで扱う技術は、伝統的自動車産業が蓄積してきたものとは異なるものばかりだ。サプライヤーは、極めて多くの得意分野とは言い難いテーマの技術開発を同時進行させなければならない。デンソー取締役副社長の若林宏之氏に、こうした環境変化への対応について聞いた。

企業データ

事業内容
電装品などのティア1サプライヤー

売上高
5兆3628億円（連結、2019年3月期）

営業利益
3162億円（同上）

従業員数
17万1992人（同上）

――クルマのあり方と姿が大きく変わる中で、デンソーはいかなる事業領域に取り組み、どのように社会に価値を提供していくのか。

当社は2030年長期方針の中で、環境負荷の低減と高効率の移動を実現する「環境」と、交通事故のない安全な社会を実現する「安心」に注力すると明言した。これらを世の中から共感されるように進めていく。

現在の自動車業界における技術の進歩は、かつてないほど速い。技術と機能が一体になり価値を生み出す企業である当社は、そのスピードに負けてはいけないと考えている。さらに近年では、異業種の企業とも競合するようになった。自動車業界の伝統的アプローチとは異なる技術やビジネスに対抗できる技術開発が求められる。

そのためには、当社の仕事の進め方や価値観を刷新する必要があるだろう。ただし、こうした事業環境の変化を単なる危機とはとらえていない。これまでと違った価値を提供し、ビジネスの幅を広げるチャンスでもあると考えている。

若林宏之（わかばやし・ひろゆき）
デンソー 取締役副社長

東京大学工学部卒。1979年に日本電装（現デンソー）入社後、生産技術部門で樹脂材料の研究開発に携わる。2001年に材料技術部長に就任し、環境負荷物質フリー材料の開発などを指揮。品質管理部長を経て、2006年に常務役員に就任。2011年からは情報安全事業グループ長として、情報通信・走行安全事業をけん引。専務就任後は、自動運転時代に向けたADAS技術戦略も担当。2017年4月から取締役副社長、現在に至る。

（撮影：上野英和）

――ビジネス環境の変化の中でチャンスをつかむため、どのような取り組みをしているのか。

これまで当社は、「熱」や「電子」「パワートレーン」など技術分野ごとに事業を分類し、顧客が求める技術や製品を高品質、高性能かつ適正価格にして提供する事業を行ってきた。ところが、クルマを再発明するかのような変化が進む中で、顧客や社会が何を望んでいるかを

（撮影：上野英和）

今まで以上によく考え、顧客の困りごとや社会課題を解決するソリューションを生み出すことが大切になってきたと考えている。

当社が取り組むソリューションを「エネルギー」、「セーフティー」、「コネクテッド」、「HMI（Human Machine Interface）」と定義した。この4領域に向けて、当社の強みであるモノづくり力に裏打ちされた価値あるソリューションを生み出し、提供していく。

多様化するパワートレーンにキメ細かく対応

――エネルギーの領域では、いかなる方向性のソリューション作りを目指しているのか。

パワートレーンが多様化することを念頭に置き、クルマに関係するエネルギーを「ウェル・ツー・ホイール（油井から車輪まで）」という視点で効率良く使い切る仕組みを提供することが大切と考えている。この視点に立つと、内燃機関車が一気に電気自動車（EV）に置き換わるとは考えにくい。当面は、販売される多くのクルマに内燃機関が載るだろう。内燃機関の燃費を良くして、排出ガスの清浄化をさらに推し進める技術開発を強化している。

例えば、ディーゼルエンジン向けの「i-ARTインジェクター（燃料噴射装置)」と呼ぶ技術がある。エンジンのインジェクター1つひとつに小型圧力センサーを組み込み、燃料噴射の状況をフィードバックして最適化する技術である。これによって、世界最高レベルのクリーンな排出ガス・静粛性・燃費向上を実現している。

一方、ビジネスの源流がオルタネーターにある当社にとって、電動化は本流ともいえる領域である。ハイブリッド車（HEV）の黎明期から20年以上にわたって開発に関与してきた実績も生かせる。ここでは半導体や回路の技術、さらには熱マネージメント技術を融合させた小型・高効率のインバーターのような総合力を生かした技術を生み出している。

2019年4月にはアイシン精機と共同出資で、「電動駆動モジュール」と呼ぶ一体化部品を開発・生産する新会社「BluE Nexus」を設立し、新しいビジネスにも着手している。また、エアコンなどの熱源として活用していたエンジンがなくなることに対応し、ヒートポンプを使ってエネルギー効率を大きく向上させた車室内温度の管理システムを提案している。こうした技術を駆動用バッテリーの温度管理に応用すれば、長寿命と充電時間の短縮も実現する。

さらに、燃料電池車（FCV）の普及に向けた技術開発も推進していく。水素は極めて有力な未来のエネルギー源となる可能性を秘めている。

――セーフティーの領域でのアプローチは。

当社は、プリクラッシュ・セーフティー・システムを最も早く実装した車両の開発に関与した。先進安全技術の草分けだったと考えている。ただし、その普及に関しては、欧州の競合に遅れた面は否めない。その後、精力的に追随し、「GSP（Global Safety Package）」の第2世代（ミリ波レーダーと単眼カメラを併用して夜間の障害物認知精度を高めた「GSP 2」）では、日本の自動車アセスメント（JNCAP）の予防安全性能評価で最高ランクを獲得した。キャッチアップできたと言えるだろう。

現時点で新車と既販車の両方を対象にすると、先進安全装備を取り付けたクルマはごく一部であり、未装備車がほとんどだ。交通事故の低減に貢献するには、既販車を対象にした装備でも貢献することが大切であると考えている。特にバスなどは高価なため、後付け装備は欠かせない。まずは、運転者の映像からわき見や居眠りを察知して警告を発したり、アクセルを踏んでも急加速したりしないところから製品化を始めている。

もちろん、自動運転車の実現を目指した認知・判断・操作の技術開発も高度化させている。特にセンシング、つまり認知の部分に力を入れてきた。深層学習（ディープラーニング）技術を使って、より広範囲、遠くの対象物を詳細に識別できる「GSP 3」を、2021年末もしくは2022年に投入する計画である。技術を実践的な場でブラッシュアップするため、米ウーバー・アドバンスト・テクノロジーズ・グループ（Uber Avanced Technologies Group）やトヨタ自動車と共同で、ロボットタクシーの実現を目指す技術開発を進めている。

――コネクテッドの領域でのアプローチは。

クルマと外部のクラウドをつなぐ車載通信機「TCU（Telematics

（撮影：上野英和）

Control Unit)」を供給している。さらに機器の販売だけではなく、サービス事業も行っている。既に、クラウド型社有車管理サービスを事業化している。営業車や物流用商用車などの運用状況や運転者の操作の傾向に関する情報を集め、日報作成や最適ルートの推奨、安全運転の指導に向けた情報を提供するものだ。

現在、当社はティア1のサプライヤーとしてハードウエアを提供しているが、データに意味を付ける、つまり価値の高い情報に変えることで、サービスのティア1になれる可能性があると感じている。そのための経験とノウハウを蓄積するため、さまざまなサービスプロバイダーとの協業を進めている。クルマの運用のかなり深い部分に関わるデータは当社が、外部データはIT企業が集め、データの解析はうまく連携したい。

またコネクテッドの領域では、セキュリティーの確保が事業の大前提になる。これから車載システムのソフトウエアを無線で更新するシステム「OTA」の活用も始まり、サイバー攻撃を受けやすくなる。サイバー攻撃を検知する技術を専門企業と共同で開発すると共に、セキュアな状態の維持を外部から監視するサービスの提供も準備中だ。

——HMIの領域では、どのような取り組みをしているのか。

安全性を確保できる自動運転車ができたとしても、乗員に安心感を与えるものでないと意味がない。クルマと人をつなぐ手段として、HMIは極めて重要だ。

クルマから人に情報を円滑かつ確実に伝えるには、メーターやディスプレーの表示や警報音など特徴の異なる多様なHMIを、車両・運転者・車両周辺の状況などのシーンに合わせて使い分ける必要がある。当社はカナダ・ブラックベリー（BlackBerry）と共同で統合コックピット・システム「Harmony Core」を開発。ハイパーバイザー技術を持ったHarmony Coreでは、特性の異なるOSで作動する複数のHMIを1個のマイコンで制御してシームレスに連携させている。

事業環境の変化に乗じて顧客の幅を広げる

——現在、デンソーが取り組んでいる領域は極めて広い。新たに手中にすべき技術も多い。1社だけでこれほど多様な技術の研究開発を進めることは難しいのではないか。

その通りだ。自社で行うべきことを明確に見極めたうえで、外部との連携を進めていくことが不可欠になる。例えば、AIの活用や運転者の状態検知などは、当社が技術を積み上げるよりも、よほど深い知見を持つ企業がある。そうした知見や技術は積極的に学ばせてもらう。

これまで当社は、主要市場のニーズをくみ取った技術や製品の開発を進めるテクニカルセンターを、海外の研究開発拠点として配置してきた。現在これとは別に、革新技術を保有する世界各国の企業や研究機関が集まるエコシステム内に「イノベーション・ラボ」と呼ぶ拠点を置いている。IT分野ではシリコンバレー、AIはモントリオール、センシングはイスラエル、MaaSはヘルシンキ、コネクテッドはシアトルに置き、最新技術への迅速なアクセスに努めている。

これまで話してきたソリューションを提案するためには、技術アイデアを具現化して市場に安定供給する力“ものづくり力”が不可欠であり、今後も当社の競争力の源泉と考えている。人と機械が協調し共に成長することで社会から共感してもらえるソリューションを提供し続けていきたい。

（撮影：上野英和）

東レ

クルマの進化を材料の革新で加速

CASEとは、クルマのあり方も構造も大幅刷新するクルマの再発明を目指すトレンドのことを指す。時代の要請に応える次世代のクルマの開発・生産には、サプライチェーンの変革、材料レベルからの構造の見直しが欠かせない。クルマの進化を高付加価値材料の供給で後押しする東レ副社長の阿部晃一氏に、CASEトレンドの中で材料メーカーが果たす役割を聞いた。

企業データ

事業内容
繊維、機能化成品、炭素繊維複合材料などの製造・加工および販売

売上高
2兆3888億円（連結、2019年3月期）

営業利益
1415億円（同上）

従業員数
4万8320人（連結、2019年3月末）

――東レではどのようなR＆D戦略を実践して、価値ある材料を創出しているのか。

価値ある材料とは、次の時代の産業を生み出す潜在能力を秘めた先端材料のことだと考えている。R＆Dは、一般には「研究開発」と和訳する。当社では、「研究・技術開発」と表現し、ゼロ（0）からイチ（1）を作る行為である「研究」と、決められた期間、コスト、品質の製品を作り顧客に届ける「技術開発」を明確に区別している。

研究の成果は、計画的かつ安定的に得られるわけではない。短期的利益に眼を奪われ、研究投資の削減や直近のテーマのみへの傾倒を行えば、いずれ必ずネタが尽きる。継続的に価値を創出するためには、基礎研究を大切にする必要がある。当社では、研究者には就業時間の約20％を上司に報告する必要がない自由裁量のアングラ研究を推奨している。これが、先端材料・先端技術を継続的に生み出す素地の一つとなっている。

阿部晃一（あべ・こういち）
東レ 代表取締役 副社長

1977年東レ入社。ポリエステルを中心とするフィルムの研究に従事。1996年リサーチフェロー（フィルム構造設計）に認定、フィルム研究所長、研究・開発企画部長、愛知工場長を経て、2005年取締役（研究本部長）に就任。2009年常務取締役、2011年専務取締役、2012年CTO就任。2013年代表取締役専務取締役を経て、2014年代表取締役副社長就任。現役研究者の時代には、磁気テープ用のポリエステルフィルムの研究に取り組み、独自のフィルム表面設計による安定的な記録と低摩擦化による円滑な滑りを両立させる技術「NEST」を開発した。

（撮影：上野英和）

――研究・技術開発を進める上で、組織体制にはどのような特徴があるのか。

研究と技術開発の役割分担を明確にする一方で、技術の融合と連携を積極的に促す研究・技術開発体制を採っている。

当社では、「有機合成化学」「高分子化学」「バイオテクノロジー」「ナノテクノロジー」の4つをコア技術としている。これらコア技術を起点としたR＆Dに関わる全ての機能を、技術センターという1つの組織に集約。この「分断されていない研究・技術開発組織」に多様な分野の専門家を集結させて、技術融合が進みやすい環境を作り、抜群の機能や特性を持つ先端材料・先端技術の創出を促している。同時に、革新的コストダウンにも取り組んでいる。

また、さまざまな先端材料を、複数の事業分野に迅速に展開することが可能であり、極端な場合、ある分野で日の目を見なかった材料が、別の分野で花開くこともある。さらに、例えば炭素繊維の強度の極限追求に医薬のケミストリーを活用できるなど、1つの事業分野の課題解決に技術センターの総合力が発揮できる。また、研究から技術開発、生産（事業化）へとバトンゾーンでバトンを落としにくく、効率的にテーマを進階させやすい仕組みとなっていることも大きな特徴である。

CASE時代の前から先端材料・技術をライブラリー化

――CASEトレンドに沿ってクルマを大きく進化させている自動車業界は、材料メーカーにどのような役割を求めているのか。

CASEという言葉ができるずいぶん前から、次世代モビリティーにおいて材料の革新が求められる技術要件を、「軽量化」「電動化」「快適」「安全」の4つの着眼点で整理。研究・技術開発した先端材料・先端技術をライブラリー化してきた。

自動運転システムや電動機構の開発など、自動車業界の顧客は、これまで以上に多くのシステムレベルの技術開発案件に取り組んでいる。材料を起点にした技術革新の重要性を感じていても、きちんとケアできない状況だ。ここに材料メーカーが貢献する余地がある。2010年を基準にした当社の自動車関連事業の売上高推移を見ると、自動車の生産台数の伸びよりも成長率が高い。これはクルマの価値向

（撮影：上野英和）

上において、材料メーカーの貢献度が高まっていることの証左である。

――東レは、自動車業界にどのような価値を提供していくのか。

「クルマを先端材料で進化させる」という気概で、CASEによる進化を牽引していく。長期的なＲ＆Ｄ戦略に基づいて継続的に研究・技術開発を推し進めてきた東レは、次世代モビリティーの技術ニーズに対応できる多様な先端材料・先端技術を先回りして用意してきた。

例えば軽量化では、炭素繊維を活用したさまざまな中間基材を、電動化ではリチウムイオン電池用のセパレータフィルムを、快適では人工皮革の“アルカンターラ”や“ウルトラスエード”を、安全では衝突エネルギー吸収部材に“ナノアロイ”をそれぞれ展開している。さらに、設計・成形などクルマの部品に応用する際の周辺技術も併せて開発し、自動車業界が求めるソリューションを迅速かつ的確に提供でき

次世代車に求められる先端材料、先端技術を結集したコンセプト車「TEEWAVE AC1」
（撮影：上野英和）

る体制を整えている。当社の強みは先端材料だけでなく、その潜在能力を引き出すための部材設計、さらには成形技術まで一体で開発できる点にある。

――技術の融合や連携を重視した研究・技術開発を実践しているとするが、自動車業界が抱える個々の課題に対しては、どのような体制で対応していくのか。

次世代モビリティーの実現に向けた課題に取り組むため2008年に、自動車向け技術開発拠点「オートモーティブセンター（AMC）」を開設した。ここが、顧客と当社をつなぐ技術の窓口となっている。自動車メーカーや部品メーカーなどと、クルマの企画・設計の段階から材料革新を起点としたソリューションの共同開発を企画・推進している。

AMCでは当社グループのみならず、大学・公的研究機関、パートナー企業が保有する知識や技術をフルに活用して、今後とも顧客が抱える課題にソリューションを提供していく。

また2019年１月には、欧州の先進的市場で求められる新材料のR＆Dを顧客と一緒に行うための拠点「オートモーティブセンター欧州(AMCEU)」を、ドイツのミュンヘンに開設した。ここを起点に、世界市場での先端材料によるクルマの進化を加速させていきたい。

（撮影：上野英和）

坂本工業

電動化は吸排気・燃料系にも商機を生む

坂本工業は、売り上げの9割弱をSUBARU（スバル）に納入する吸排気系や燃料系部品から上げるティア1自動車部品メーカーである。自動車業界で進む電動化のトレンドは、同社ビジネスの行方を大きく左右することは確実。自社の強みとなる技術、取引関係を生かして、いかにして時代の要求に応えるビジョンと戦略を描くのか。代表取締役の坂本清和氏に、CASEトレンドを見据えた中長期戦略を聞いた。

企業データ

事業内容
自動車の吸排気・燃料関連部品の製造・販売

売上高
677億円（2018年3月期）

営業利益
20億円（2018年3月期）

従業員数
959人（2018年3月期）

――クルマの電動化は、今後確実に進むことだろう。エンジン車に付随する吸排気系や燃料系の部品専業のサプライヤーとして、今後どのように舵取りしていくのか。

エンジンを搭載しない電気自動車（BEV）の市場占有率が上がれば、当社の既存ビジネスの先行きは極めて危うくなる。当然、事業の根本的な転換が求められるだろう。ただし、拙速に過剰反応したのでは、自社の強みが生かせる別の事業機会を逃してしまうとも考えている。

様々な予測と事業を通じた肌感覚を勘案すると、BEVがエンジン車に完全に取って代わるのは2世代先の経営者の時代になると考えている。いかに速く進んだとしても、2030年時点でのBEVの占有率は30%といったところではないか。ハイブリッド車（HEV）やプラグインハイブリッド車（PHEV）など、電動機構とエンジンの両方を搭載するクルマが主流を占めることになるだろう。

つまり、電動化が進む過程でも、吸排気系や燃料系のさらなる進化

坂本清和（さかもと・きよかず）
坂本工業 代表取締役社長
1981年4月、坂本工業に入社、生産技術部に配属。1994年4月、米ELSA副社長。1995年4月ELSA社長、2010年6月本社副社長を経て、2012年6月本社社長に就任。

（撮影：山下裕之）

が求められるということだ。そこでの新たな要求への対応をビジネスの主軸に据えながら、いずれやってくる完全電動化の時代への備えをジックリ進める必要がある。

――その時その時のリスクポイントを探りながら、既存事業と完全電動化を見据えた新規事業それぞれで求められる技術の進化に対応する、

両にらみの戦略を取るということか。

そのとおりだ。ただし、既存の吸排気系や燃料系の事業と、長期的な視野で取り組むべき電動化に付随する事業の間には、多様な技術的関連性がある。全く無縁というわけではない。両者の関連性を精査して、自社の強みを生かしながら付加価値の高い新規事業を開拓していくことが重要だ。

たとえば、既存事業で培った排気熱をコントロールしたり、回収・再利用したりする技術はBEVでも求められる。特に、リチウムイオン電池の熱制御は、BEVの走行距離や電池の劣化に直結する重要技術である。ここで保有技術の横展開を図ることができれば、会社の将来は明るい。

ただし、残念ながらこの領域は大企業が注力しており、市場は巨大だが当社規模の企業の勝ち目は薄い。また、頼れる顧客であるスバルには、この領域での技術ニーズが小さいと感じている。それでも、熱

（撮影：山下裕之）

坂本工業が生産した吸排気系部品
（撮影：山下裕之）

制御が求められる領域は、BEV中の様々な場所に出てくるだろう。BEVが抱える熱に関する課題を目ざとく見つけて技術開発を進め、時代に即した事業を生み出していきたい。

一方、BEVに先駆けて広く普及すると思われるHEV向け部品には、当社の強みを生かせる領域がたくさんある。電動機構とエンジンを車内に共存させるため、吸排気系や燃料系の部品には一層厳しい軽量化や省スペース化が求められるからだ。

そこは、材料開発と構造設計の擦り合わせで実現する当社の複雑形状加工の技術などが生かせる領域だ。また当然、エバポ（燃料蒸発系ガス）や騒音などに関わる法規制への対応もハードルが上がることだろう。この領域での当社の競争力もまた高いと考えている。

事業環境の変化に乗じて顧客の幅を広げる

――電動化が進む過程でも、吸排気系や燃料系の部品での付加価値の取り代が残っており、そこで利益を稼ぐ事業が成り立つというのは鋭

い視点だ。坂本工業の事業の強みの背景には、高精度の部品加工技術があると聞く。そうした高度な技術を他の部品サプライヤーに提供するシステム・インテグレーション・サービスが新規事業となる可能性もあるのでは。

いずれ完全電動化に向かうことを考えれば、部品製造業だけに固執していると、事業領域が狭くなる可能性があるのは確かだ。現在の中核事業をすぐに置き換えることはできないが、雇用維持の観点からも取り組む意義があると考えている。

当社は既存事業の高効率化を追求する中で、高精度・高品質・高信頼性の部品生産を自動化する技術を培ってきた。この技術を人手不足と技術不足で悩むティア2に提供すれば、事業体制の強化に貢献できると考えている。5年、10年のスパンで、じっくりと育てていきたい。

――事業環境が大きく変化していく中で、逆に顧客の幅が広がる可能性はあるか。

十分にあると考えている。たとえば現在、建設機械（建機）の軽量化に貢献する樹脂製部品の開発に取り組んでいる。建機向け樹脂部品は、クルマよりも高い剛性が求められ、扱いにくい材料を使った加工が求められる。材料メーカーと共同で、要求を満たす材料と加工法の開発を進めており、こうした難易度の高い生産技術が求められる領域こそ、当社の強みが際立つと考えている。

同様の見地に立てば自動車業界の中にも、まだまだ顧客を広げる余地がある。多くの部品メーカーは、顧客であるOEMのメイン車種向け部品の供給に注力している。ところがOEM各社は、派生車向けの特殊仕様部品の調達に苦慮するケースが多々ある。そこに、当社がスバル以外のOEMからも受注する余地が生まれる。

新しい技術が要望されれば積極的に開発し、量産も請け負っていきたい。他社が手掛けないビジネスであるため、相応の対価を得ることができる。多様な顧客からの新しい技術的要求は、当社の技術力をさらに高めていくためにも重要だ。

（撮影：山下裕之）

KKRジャパン

独立系メガサプライヤー誕生へ

100年に一度の大変革期を迎えている自動車業界。変わるのはクルマの機能やあり方だけではない。異分野の技術や他業界の知恵を集結し、OEM（完成車メーカー）やサプライヤーの役割、ビジネスモデルの再定義も求められる。世界有数の投資会社・KKR日本法人の社長である平野博文氏に、日本の自動車業界が目指すべき姿について聞いた。

企業データ

事業内容
プライベート・エクイティー投資

運用資産（AUM）
2084億米ドル（2019年6月30日現在）

従業員数
約1400人（世界、2019年6月30日現在）

投資先企業の全従業員数
約75万3000人（世界、2018年12月31日現在）

――KKRは、国内外でどのような活動をしているのか。

当社は1976年にコールバーグ、クラビス、ロバーツという3人が設立した世界で最も古い投資会社である。現在、約20兆円の資産を米国、欧州、アジアで運用している。国別ではなく、グローバルな視点からワンチームで運用している点が特徴だ。特に、大企業から高い成長性を秘めた事業部門を切り出し（カーブアウト）、オーガニックな成長とM＆Aによる非連続成長を組み合わせて競争力を強化し、企業価値を向上させる手法を得意としている。

日本では、国内産業の重要な位置を占めている電機や自動車セクターに注目している。会社の規模があまりにも大きくなり、幅広い事業部門の隅々まで目配りして価値を最大化することが難しくなっている。傑出した技術と優秀な人材が集まっているにもかかわらず、潜在能力を発揮できない残念な状況にあるといえる。当社はこうした企業の事業部門をカーブアウトし、キメ細かな経営ができる状態にすれば、さらに光る会社へと育つ可能性が高まると考えている。

平野博文（ひらの・ひろふみ）
KKR アジア地域プライベート・エクイティー 共同責任者 兼 KKRジャパン 代表取締役社長

2013年4月KKR入社。KKR入社後はパナソニックヘルスケア、Pioneer DJ、カルソニックカンセイ、日立工機、日立国際電気の投資案件を率いた。KKR以前は、米系ターンアラウンド・コンサルティング会社のAlixPartnersで日本代表を務め、日本航空や海外M&A案件のPMIに従事。それ以前は1999年から2006年まで、日興プリンシパル・インベストメンツ会長として英国・日本を中心に7000億円以上の投資を行った。

（撮影：小林 淳）

CASEへの対応は異業種の知恵が必須

――自動車業界は、かつてない大変革期の中にある。投資ファンドであるKKRの眼に、自動車産業はどのように映っているのか。

これまでプライベート・エクイティー・ファンド業界では、自動車産業は投資対象になりにくかった。リードタイムが長い産業であり、業界再編も緩やかであったからだ。ただし、自動車産業が大きな変革期に入ったことで状況は大きく変わった。

次世代のクルマは、CASEという4つの軸に沿って進化するとみられている。それぞれの進化軸の技術的方向性には違いがあるものの、いずれも従来の自動車産業の構造では対応が難しい点で共通している。特に、日本のケイレツを中心にした産業構造ではより困難だ。もはや国内で合従連衡するだけでは、取り組むべき課題に対応できない。

クルマの進化には、既存の自動車産業の素地にはない異分野の技術や知見が欠かせなくなっている。異業種から、これまでとは異なる専門性に基づく技術、異なる能力や知見を持つ人材を集めることができれば、企業の成長速度を速め、成長の度合いを大きくできる可能性がある。ここで、業界の枠や国や地域の違いを超えて技術や人材を結び付け、新たな価値を生み出すファンドの役割が活かせる。

――KKRは2016年、カルソニックカンセイに投資した。日本の自動車部品産業が抱えるどのような課題の解決を目指したのか。

日本の自動車産業の構造は特殊だ。世界有数のOEMが11社もある。国の経済規模から見れば、これほど集中している国は珍しい。その一方で、欧米にあるような独立系メガサプライヤー（独立系サプライヤーとはOEMが大株主になっていないサプライヤーを指す）は存在しない。

当社は、日本のサプライヤーが保有する技術と人材の潜在能力を考えれば、欧米にあるような独立系メガサプライヤーを日本に作り、企業価値を高めることができると考えていた。この仮説を基に、日本の自動車産業への投資を始めた。カルソニックカンセイにおいてはケイレツの殻を破り、自社で能動的にOEMにサービスやアイデア、製品を提供できる会社になりたいという意向があった。それにKKRが応えた。

（撮影：小林 淳）

そもそも、日本のケイレツに見られる「OEMが株主であり、顧客でもある」という状態には矛盾がある。株主としては出資先の企業価値の最大化を求めるが、顧客としては他のOEMに利するビジネスは許容しづらい。このため、サプライヤーの意思決定は受け身になりがちだ。

そして、独立系サプライヤーに比べると、新技術の自主開発に対するアプローチも消極的になる。従って資本を開放し、顧客の分散を図り、企業買収などで技術や開発力を強化し、コスト競争力をつければ、元々の親会社であったOEMにも、より良いサービスや技術を提供できると考えている。

変革に向けた経営の多様化が不可欠

——KKRが投資したからこそ可能になったことは何か。

企業経営に関わるあらゆる面を多様化でき、ダイナミズムが生まれた。まず、経営陣が多様化した。かつてのカルソニックカンセイの経営陣は、日産自動車出身者とプロパーだけであり、かつ大多数が日本

（撮影：小林 淳）

人であった。ここに、米ジョンソン・コントロールズ（Johnson Controls）やドイツ・ボッシュ（Bosch）などの海外の同業・異業からの出身者が加わり、これまでとは違った知見や経験、ネットワークを生かして経営できるようになった。これによって、地域横断的な事業ユニットごとの経営体制ができあがり、技術や調達の面でもグローバルなベストプラクティスが選択可能になった。同時に、経営陣にきちんと情報が伝わるように、透明性を高める仕組みや異文化を受け入れる土壌作りも重要だ。

次に、顧客や製造拠点などを多様化できた。当初は売り上げに占める日産への依存度が85％もあった。投資1年後にフィアット・クライスラー・オートモービルズ（Fiat Chrysler Automobiles：FCA）グループのイタリアのマニエッティ・マレリ（Magneti Marelli）を買収した。その結果、顧客分散が進み、日産への依存度は約40％に下がり、FCAグループが約30％を占めるようになった。さらに、これまで顧客ではなかったドイツの3大OEMの比率も一気に約30％弱まで取り込むことができた。

商品も多様化した。かつてのカルソニックカンセイの商品は、約5割が内燃機関に関連したものだった。マニエッティ・マレリは、照明やエレクトロニクス系に強く、こうした利益性の高い商品の売り上げが約5割を占めるようになった。そして、製造拠点も分散化できた。北米、中国、日本の製造拠点に、南米とEMEA（欧州・中東・アフリカ）が加わった。そして、世界市場での知名度を優先し、2019年10月1日に社名をマレリに変更した。

――日本のサプライヤーはOEMの戦略に沿って、グローバル化を進めてきた。一般的に、日本のサプライヤーのグローバル化は、どこに課題があるのか。

人材の登用と活用に課題があったように感じる。これまでの日本企業のグローバル化とは、製造拠点の世界展開だった。現地管理者の大半が日本人で、顧客も日本企業が中心だった。世界各地の市場のニーズが多様化している中、こうした状況のままでは国際競争力の維持・強化は望めない。

KKRが経営に参加することで、極めて質の高いグローバル人材を招へいできるようになった。実際、投資後の経営陣選びの際には、欧米から驚くような質の高い人材が自薦と他薦で集まった。これは、日本の自動車業界における変革の機運が、欧米で実績を持つ人材の眼にはチャンスと映っているからだ。人が動けば、技術も知見も共に動く。さらに異文化が交わることで、イノベーションを生み出す素地ができる。

――日本企業では、事業プロセスのデジタル化やITの活用が欧米企業よりも遅れているように感じる。

日本企業では、一般的に製造現場のレベルが高く、すり合わせ技術や調整能力が高いがゆえに、デジタル化やシステム化が遅れる傾向にある。ただし、その状態のままではグローバルなビジネスは困難であり、成長を阻害する要因になることは明らかだ。

マレリでは経営が多様化したことで、シリコンバレーやイスラエルなどの情報システムの研究者を招へいしやすくなった。今後は、情報システムの知見を持つ人材を経営メンバーとして招こうと考えている。こうした受け入れ素地を整えることが重要だ。

ビジョン実現への意思と覚悟はあるか

——独立系サプライヤーとしての道を歩み始めたマレリは、日本のサプライヤーの近未来を考えるうえでの象徴的な存在だ。マレリにならって、投資ファンドを上手に使おうと考える経営者が抑えるべきポイントは何か。

ファンドを活用して何を実現したいのかという目的を整理しておくことが重要だ。外部資本の活用には、メリットと同時にデメリットもある。資金調達のテクニカルな部分だけに注目してしまうと危険だ。その点を理解した上で、活用に踏み切る必要がある。カルソニックカンセイ（現マレリ）の場合には、日本初の独立系サプライヤーとなって世界のトップ10に入りたいという明確な目標があった。

日本ではオーナー系企業の事業継承の観点から、ファンドの活用を考える例もあるかもしれない。この場合にも、ファンドを活用することによるデメリットも受け入れる覚悟が求められる。ファンドは企業価値を高め、成長を目指して投資する。このため、事業価値を高める人材を残し、そうでない人には去ってもらうこともあり得る。それを受け入れないまま、「上手く経営してほしい」などと都合のよいことを言っていたのでは、目的の達成はできない。

――日本の自動車産業、特に部品メーカーに言いたいことは。

自動車産業は、長きにわたって日本をけん引し続けてきた産業である。世界に誇る技術とブランドがある。また、部品産業など広い裾野産業があり、自動車関連産業に従事している人口は多い。自動車産業の繁栄は、日本の経済や社会にとって極めて重要だ。

ただし、これまでのビジネスの延長線上の改善だけでは、もはや強みを維持することすらできない局面になってきている。国内のOEMに頼らずに自立して経営できるよう、強靭な競争力を持つ技術や人材を育てていく必要がある。それを実現するためには、異業種や海外との結び付きを強める経営が求められる。

（撮影：小林 淳）

■ 経済産業省

業界協調でCASEの変革を乗り越える

日本経済の中で、高い国際競争力を誇る自動車産業の存在感は大きくなる一方だ。CASEは、その重要産業で起きた大変革である。過去の強みは、CASE時代には弱みへと転じる可能性すらある。自動車産業を所管する経済産業省製造産業局自動車課参事官の吉村直泰氏に、国際競争力の維持・強化を目指す政府の戦略について聞いた。

――日本の産業構造の中で、自動車産業をどう位置付けているか。

日本経済における自動車産業の存在感は極めて大きい。2000年時点の輸出額は日本の総額（約50兆円）の19％に当たる9兆6000億円で、半導体など電気機械や一般機械よりも少なかった。これが2017年には立場が逆転した。総額（約73兆円）のうち、自動車が22％の16兆4000億円と最も大きくなった。

視野を広げて部品・材料も含めた自動車関連の製造業全体を見ると、2017年の総出荷額は製造業の約2割に当たる約60兆7000億円に達する。さらに、ディーラーやガソリンスタンドなども含めた自動車関連産業で見れば、全産業の約1割に当たる約546万人の雇用を生んでいる。日本政府は産業の多様化を目指してはいるが、今では自動車産業が日本の屋台骨であり、その重要性はますます高まっている。

限られた経営リソースで複数の未経験課題に取り組む局面

――自動車産業の姿を大きく変えつつあるトレンドの中で、どこに注目しているか。

CASEは、日本の屋台骨となった自動車産業に抜本的な構造変化を迫る動きである。しかもCASEの4つの変化軸それぞれでは、従来の

（撮影：山下裕之）

自動車産業の範疇(はんちゅう)を超えた技術革新と価値創出が求められている。現在、自動車産業に関わる企業が取り組むべき課題は、過去に直面した課題とは異質である。

業界の枠を超えたイノベーション競争が起こり、ビジネスの付加価値を生み出す源泉が大きく変わる可能性がある。従来の自動車事業では、車体の製造・販売が付加価値の中心だった。これからは、地図情

（撮影：山下裕之）

報などのデータ、クラウドサービス、電子制御技術、データを収集するセンサーなど、情報や制御に関連した機能やサービスの価値が高まる。

さらに、パワートレーンの部分でも電池やモーター、パワー半導体など、これまでとは異なる技術に基づく部分に価値が生まれている。もちろん、車両の製造・販売価値がなくなるわけではない。しかし、車体以外の部分の存在感がより高まるため、これまで通りのビジネスを踏襲したのでは相対的な競争力は落ちてしまう。

――CASEの「E」（電動化）は、既存の部品産業に大きな変化を迫る動きだ。

その通りだ。既存事業の価値が下がる可能性がある。電動化によって、エンジン部品や変速機などの駆動・伝導部品のウェイトは減り、その代わりに電池、モーター、インバーターなどの分野が成長していく。さらにクルマの開発形態が、OEMを中心として構成部品の仕様を調整していく「すり合わせ型」から、サプライヤー側が標準仕様に沿って作った共通モジュールを組み合わせる「モジュール型」へと変わる。

ドイツや中国、インドなどは、政治的意思を持って電気自動車（EV）シフトを推し進めている。ただし、すぐにEVがエンジン車に置き換わるわけではない。普及に向けた技術的課題を逐次解決しながら、多様なパワートレーンが乱立することだろう。

こうしたパワートレーンの多様化は、急激な変化を回避できる面もあるが、悩ましい面もある。当分の間、限られた経営リソースの中で、電動化への対応と内燃機関のさらなる改善を同時進行させる必要があるからだ。

――業界横断的な技術的課題に対応するには、異業種の価値観や動きとの整合性の取れた戦略が必要になるように思える。

現在、自動車産業を担当する当部署の政策領域の中に、電池や半導体なども入ってきている。ただし電池も半導体も、応用市場は自動車だけではない。例えば半導体市場全体から見れば自動車向けは約１割にすぎず、そのために全体の産業構造を変えるのは難しい。こうした点も念頭に置きながら異業種間での折り合いをつけ、自動車産業を強化する方向で政策を考えることが重要だ。

海外では、国の産業政策と自動車産業の各企業の動きがリンクして動いている面がある。日本企業は、こうした国の後押しを強力に受ける国の企業とも競争していくことになる。大義があり、理屈の通った自動車のあるべき姿を打ち出し、日本企業の考えを世界にアピールしていきたい。例えば、「Tank to Wheel」で算定する燃費基準よりも、発電時の損失やCO_2の排出を勘案した「Well to Wheel」で燃費を算定した方が、エネルギーの有効活用という観点からの妥当性がある。こうした基準からEVの有効性を考えることの重要性を、もっと訴えていく。

――CASE時代のクルマが生み出す新しい社会的価値を訴求することもできそうだ。

CASE時代のクルマは、エネルギー・インフラになる。電動車の蓄電と給電の機能を徹底的に利用して、事業継続計画（BCP）やV2H（Vehicle to Home）、V2G（Vehicle to Grid）などに活用していくことになるだろう。

またMaaSを軸に、地域の交通に本格的に組み込まれてもくる。

人の減少や人手不足の中で交通空白地域を解消するためには、デマンド交通や無人移動サービスが必要になってくる。走る情報端末として、クルマを通じてビックデータを収集し、渋滞解消などスマートシティーの運営に向けて有効活用することもできる。こうしたクルマを起点にして付加価値が広がる方向性を追求していきたい。

協調領域での連携を促進し、日本の競争力を底上げ

――多くの困難な技術的課題に、従来の自前主義の技術開発方針で対処していくことは困難なように思える。

自動運転や電動化などは、1つだけでも大規模で困難な取り組み課題だ。必要な技術を手中にするためには、大規模な投資が必要になることだろう。当然、1社だけで対応することは無理であり、各社が協調領域を定め、各社が連携・協業し、そこでの技術を深化・拡大していく必要があるだろう。

競合企業間で協調すべき領域もあるだろうし、サプライチェーンを

（撮影：山下裕之）

構成する企業間で協調すべき領域もあるだろう。異業種企業との間で協調すべき領域も当然ある。行政としても業界全体での付加価値向上、業種間の連携を後押ししたい。

――協調領域での企業間連携を促すため、具体的にどのような施策を行っているか。

協調領域での取り組みとして、モデルベース開発（MBD）の活用を推進する事業を進めている。

これまでの日本の自動車業界では、部品・システム・車両の順に、実物、実機、実車を使ってボトムアップ的にクルマを開発していた。この方法では、クルマの完成に近づいた段階で欠陥が見つかると、大幅な手戻りを起こしてしまう。CASE時代のクルマでは、システムの大規模化と複雑化が進むことは確実であり、現状の方法では太刀打ちできない。そこで実車を作る前に、デジタル技術を駆使して仮想的な環境の中で検証し、効率的に品質・性能を作り込むMBDの実践を加速する必要がある。

日本の自動車産業は、開発や生産の現場でのすり合わせを強みとしている。しかし、現場力が強いがゆえに、デジタル化の効果が現れる水準が高くなる。MBDを活用する際には、現場力の強みを損なうことなく、さらなる強みに変えるMBDの活用法が重要だ。

経済産業省ではMBDの普及に向けて、「自動車産業におけるモデル利用のあり方に関する研究会（MBD研究会）」を開催し、効果的で効率的なMBD活用法の検討を進めてきた。そして、モデル間のインターフェースを定義した「ガイドライン」と、それを共通基盤として具現化した「車両性能シミュレーションモデル」を作成して公表した。

さらに中長期的視点から、産学連携の深化や中小サプライヤーなどでの人材育成支援、企業間でのモデルの流通などを推し進める戦略を実践していく。また、策定したガイドラインの国際標準化を目指した国際連携も大切だと考える。

――CASEへの対応では、協調領域として企業間で技術を共有してこそ効果が期待できる分野は多そうだ。

自動運転技術の開発もその1つだ。国土交通省と共同で開催する「自動走行ビジネス検討会」において、協調すべき要素技術を10分野特定した。工程表をまとめて、それぞれで各社の協調を促している。自動運転に関わる技術開発では、安全性評価の部分での協調が特に重要になる。想定される自動運転車のユースケースから試行的なシナリオデータを作成し、業界内で共有している。その際には、ドイツの「PEGASUSプロジェクト」など海外の取り組みとも連携していく。

さらに、内閣府の「戦略的イノベーション創造プログラム（SIP）」の中で実施する実証実験などを通じて、信号情報の配信などインフラと連携した自動運転技術を共同で検証する。臨海副都心や羽田空港地域など、実際の交通インフラを活用する場と必要機材の提供によって、技術開発を促進していく。

（撮影：山下裕之）

おわりに

「フラグメント化する世界」の勝者となるために

本書では100年に一度の大変革期にある自動車業界において、既存のサプライヤーやさらなる付加価値獲得を目論む周辺プレーヤーが、CASEに代表される技術トレンドの変化にどのように立ち向かうべきかを多面的な視点で考察を行ってきた。自動車産業がこのような大変革の最中にある一方で、よりマクロな世界経済でも大きなパラダイムシフトが起きている。

弊社では、このパラダイムシフトを「世界のフラグメント化」として捉え、2018年に上梓した「フラグメント化する世界」（日経BP）の中で詳しく考察した。本書の結びとして、このフラグメント化（細分化）する世界における日本の自動車部品産業の立ち位置と、勝ち残りのための方策について考えてみたい。

「フラグメント化する世界」とは

「世界のフラグメント化」とはどのようなことで、どのような背景から生じているのか。このメカニズムを**図A**に示した。1990年代の東西冷戦終結後の平成の30年間に世界経済を動かしてきたのは、グローバル資本主義と呼ばれる欧米発の「ゲームのルール」であった。グローバル資本主義経済においては、BRICsに代表される新たにグローバル市場に加わった新興国の市場を含めて、デファクトスタンダードに象徴されるグローバル標準を取りつつ、規模の経済を追求していくことが勝ちパターンとされてきた。このグローバル資本主義における代表的な勝者が、GAFAと呼ばれるIT系のプラットフォー

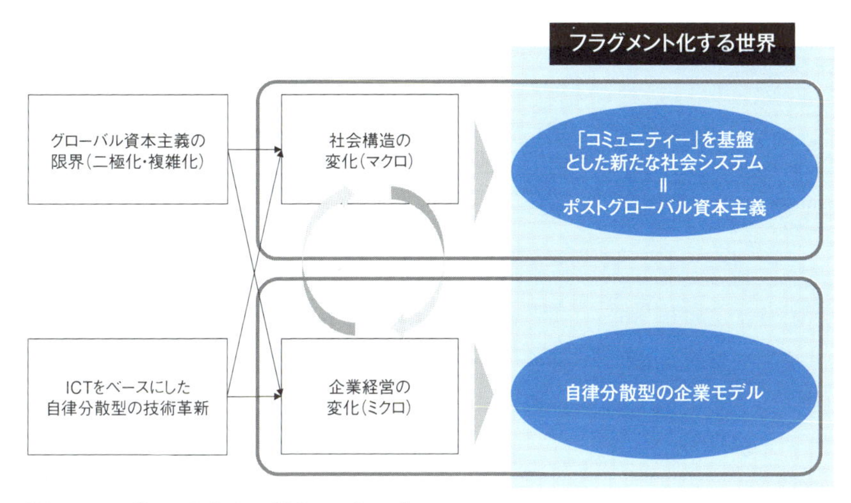

図A　フラグメント化する世界のメカニズム
（出所：ADL）

マーであり、日本を含めたグローバルな自動車メーカーであった。

一方、グローバル資本主義の拡大により、対象とする市場・顧客が多様化することでビジネスとしての複雑性が増した。また、各国間や各国内など様々なレベルで経済的な二極化が拡大したことで、EUにおけるブレグジットの動きや自国第一主義を旗頭とする米トランプ政権の誕生に端を発した米中貿易場摩擦が激化した。さらに、各国におけるGAFAに対する規制強化など「アンチグローバル資本主義」ともいえる動きが、ここにきて急激に強まりつつある。

このようなグローバル資本主義の限界とも呼べる状況が、世界のフラグメント化を引き起こす第1の要因となっている。自動車産業の視点から見ても、欧州における内燃機関車の販売禁止も視野に入れた急速な電動車シフトや、自動車市場の縮小につながり得る自家用車の「所有」から公共交通システムの一部としての各種シェアリングサービスの「利用」へのシフトなどは、グローバル資本主義時代に成功を謳歌した自動車産業に対するアンチテーゼという側面がないとは言えないだろう。

もう1つの要因が、ICTやエネルギーの領域における新たな「自律分散型の技術革新」の進展である。ICTの世界では、IoTやエッジAI、ブロックチェーンに代表されるような自律分散型の新たな基盤技術が登場している。エネルギーの世界においては、太陽光パネルの低価格化などに伴い、太陽光発電に代表される再生可能エネルギーによる発電コストが、従来の化石燃料をベースとした火力発電による発電コストを下回る状況が生まれつつある。

こうした状況の中で、これまで中央集権的に形成・運営されてきた社会インフラがより自律分散的な形で再構築・運用されていく兆しが表れつつあり、自動車のようなハードウエアを含めた（広義の）社会インフラの形が大きく変わろうとしている。これが、世界のフラグメント化を加速するもう1つのドライバーとなっている。

自動車産業で言えば、各種のコネクテッドサービスやそれを基盤としたシェアリングなどのモビリティサービス、さらには完全自動運転の普及などは分散型のICTの進化があってこそ実現されるものである。また、リチウムイオン電池などの2次電池技術のコストパフォーマンス向上が電動車や充電インフラの普及につながるという意味で、まさにCASEトレンドがこのような自律分散型の技術革新そのものとも言える。

フラグメント化する世界で求められる企業経営

以上のような背景から、マクロな社会構造とミクロな企業経営の両面において、世界のフラグメント化に対応するための大きな変革が必要とされている。マクロな社会構造においては、「政府」と「企業」と「個人（家計）」に次ぐ第4の経済主体としての「コミュニティー」

を主体とした新たな社会システムへの移行が進む。一方、ミクロな個別企業の経営についても、グローバル資本主義時代とは異なるアプローチが必要となる。一言でいえば、「自律分散型の企業モデル」への変革である。具体的には、**図B**に示す6つのアプローチからの変革が必要となる。これを、モビリティーサプライヤーにあてはめて考えてみたい。

第1のアプローチは、脱「コミットメント経営」である。コミットメント経営とは、カルロス・ゴーン時代の日産自動車で広まった考え方であるが、これまでのグローバル資本主義時代における日系サプライヤーは、「顧客であるOEM（完成車メーカー）からの要請にいかに迅速に応え、量的な拡大を達成していくか」ということに経営の主眼が置かれすぎてきたきらいがある。CASEトレンドに端を発する100年の一度の大変革期においては、目先の数値目標を過度に追うのではなく、いま一度自社の存在意義を見直すところから始める必要がある。

第2のアプローチは、脱「選択と集中」である。もちろん、いたず

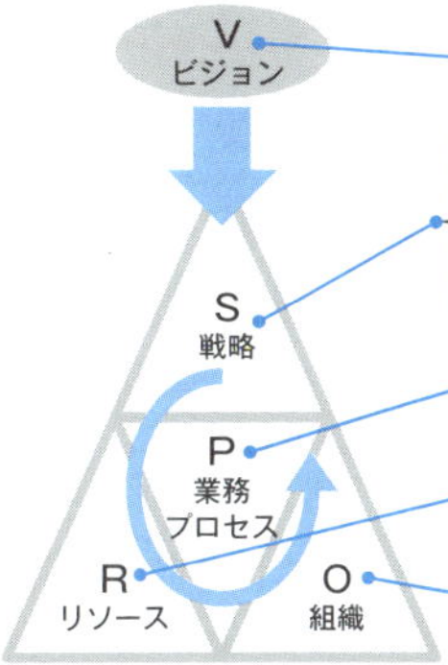

V ビジョン
S 戦略
P 業務プロセス
R リソース
O 組織

①	脱「コミットメント経営」	「稼ぐ力」最重視から「存在意義」最重視の経営へ
②	脱「選択と集中」	「あれかこれか」から「あれもこれも」の複眼的経営へ
③	脱「横並び経営」	「市場性」重視から「差異化可能性」重視の事業性判断へ
④	脱「標準化」	デファクトスタンダードからカスタムソリューションへ
⑤	脱「大艦巨砲主義」	キラーアプリ主導型からニッチクラスター型の事業開発アプローチへ
⑥	脱「中央集権型組織」	「陸軍」モデルから「海兵隊」モデルへ

図B　フラグメント化する世界における企業経営に必要な6つのアプローチ
（出所：ADL）

らに事業領域を増やすことを良しとするものではないが、一方で幅広い技術基盤をベースに多様な製品ビジネスを手掛けることで総合力を発揮する素地を持つサプライヤーは、日本にはまだ数多く存在している。このようなプレーヤーにおいては、欧米企業のような過度な事業・製品単位での選択と集中を進めるよりも、自社がグローバルに競争力を持つ「一強」事業を核に、技術基盤を共有する周辺の「多弱」事業を絶えず育成・深化させるような日本独自のポートフォリオマネジメントのやり方に磨きをかけていくことが重要である。

第3のアプローチは、脱「横並び経営」である。グローバルに見れば、まだ成長余地の大きな自動車部品産業であるが、市場の成長性のみを重視して新たな事業機会に飛びつくのはかえってリスクにもなりかねない。自社ならではの強み・弱みを俯瞰的に捉え、正攻法で「強み」を生かすだけでなく、「弱み」を逆手に取ることで結果として他社がまねできないような差別性の強い戦略ストーリーを描くことが、特にリソースの限られた中堅以下のサプライヤーにとっては、重要になるであろう。

第4のアプローチは、脱「標準化」である。これは、ドイツ・ボッシュ（Bosch）などの欧州系のメガサプライヤーが得意とするアプローチであったデファクトスタンダード戦略に対して、顧客密着型のカスタマイズ力で差別化するという日系サプライヤーの得意技であるともいえる。一方で、対面市場と顧客ニーズの多様化がますます進む中で、これまでのような力業でのカスタム対応は限界を迎えつつある。モデルベース開発（MBD）に代表されるようなデジタル技術を賢く使っていくことが、優位性を維持していくために不可欠となりつつある。

第5のアプローチは、脱「大鑑巨砲主義」である。これは、特に新規事業育成の場面において重要であるが、サプライヤーの場合、グローバル資本主義時代に既存事業において効率よく規模拡大を実現してきた成功体験があるため、初期段階では不確実性が高く、かつ事業化しても既存事業よりも小粒な新規事業への投資に躊躇しがちである。このような状況を打破するためにも、自社ならではのイノベーションプラットフォームや技術プラットフォームを改めて定義した上で、自社としての事業発展の方向性を検討していくことが必要である。

最後のアプローチが、脱「中央集権型組織」である。一部のサプライヤーには、トップダウンでのガバナンスの効かない海兵隊的な組織風土を持つ企業も存在する。一方で、オーナーや系列OEMのOBなどのトップの"鶴の一声"ですべてが決まる企業もある。こうした企業は良く言えば、迅速な意思決定でOEMのグローバル展開に食らい付いていくことができた。しかし悪く言えば、グローバルな自動車市場が踊り場を迎えている中で、弱った現場力が様々な問題を引き起こしているサプライヤーが増えている印象が強い。

以上のようにフラグメント化する世界においては、各視点を見れば日系サプライヤーが以前から持つ強みが再評価される好機が訪れているという見方ができる部分もある。しかし、グローバル資本主義時代に一定以上の成功を収めた日系サプライヤーが、CASEトレンドを起点に基盤となる製品・技術そのものも変化する100年に一度の大変革期において勝ち残っていくためには、絶えざる進化・変革が必要であることは言うまでもない。日本においてこれからも重要な自動車関連企業の皆様と共に、このような変革を成し遂げることができれば弊社にとっても望外の喜びである。

本書は、前作の「モビリティー進化論」以上に、弊社内の多くの関連プラクティスのキーメンバーの衆知を集め、モビリティーサプライヤーにとっての処方箋として結実させることができたと考えている。

多忙を極める日々のクライアントワークの中で、労を惜しまずに本書の執筆に参画してくれた各メンバーに改めて感謝したい。また前作に引き続き、本書の企画の段階から多大な支援をいただいた日経BPの小川計介氏、高田隆氏、島田洋平氏、またインタビュー記事を取りまとめていただいた伊藤元昭氏に御礼を申し上げて、結びとしたい。

著者紹介

鈴木 裕人（アーサー・ディ・リトル・ジャパン パートナー） **第1章担当**

アーサー・ディ・リトル・ジャパンにおける自動車・製造業プラクティスのリーダーとして、自動車、産業機械、エレクトロニクス、化学などの製造業企業における事業戦略、技術戦略策定、経営・業務改革支援を担当。近年は、自動車業界にとどまらず、モビリティー領域に関する事業構想支援、アライアンス支援、技術変化に備えたトランスフォーメーションなどを多く手がける。 著書に「モビリティー進化論－自動運転と交通サービス、変えるのは誰か－」（日経BP)、「フラグメント化する世界－GAFAの先へ－」（同)。

有木 俊博（アーサー・ディ・リトル・ジャパン プリンシパル） **第2・3・6・9章担当**

主な担当領域は、自動車、自動車部品、産業財およびデバイス・材料における新規事業立案、研究開発戦略、事業戦略立案。特に自動車部品産業分野、ロボティクス分野に関するプロジェクト経験を豊富に有し、近年はメカトロニクス×情報活用による事業テーマ開発と事業実現の加速を支援している。

粟生 真行（アーサー・ディ・リトル・ジャパン マネジャー） **第4章担当**

主な担当領域は、自動車OEM及び自動車部品を中心とした製造業に対する研究開発戦略、事業戦略立案、新規事業立案。特に自動車産業分野に関するプロジェクト経験を豊富に有し、近年は特にCASEトレンドに対する技術戦略、事業戦略を中心に支援している。

長冨 功（アーサー・ディ・リトル・ジャパン プリンシパル） **第4章担当**

主な担当領域は、自動車部品を含む製造業およびICT企業に対する戦略・業務コンサルティング。特に事業戦略、M&A（プレ・ポスト)、事業再生、R&D部門改革に関するプロジェクト経験を豊富に有す。

赤山 真一（アーサー・ディ・リトル・ジャパン パートナー） **第5・11章担当**

主な担当領域は、自動車・エレクトロニクスなどの製造業企業、通信・ICTサービスにおける全社戦略・事業戦略の策定支援。自動車・テレコムを含めた日本の伝統的企業に対して、WEBサービス・スタートアップ企業の強みを大企業に取り入れた形での新規組織立ち上げ・戦略策定・組織改革を支援してきた実績を多数保有する。

濱田 研一（アーサー・ディ・リトル・ジャパン マネジャー） 第5章担当

主な担当領域は、製造業・自動車業界における技術戦略構築や、R&D部門の組織・プロセス改革、技術人材育成支援。特に自動車産業のR&D分野に関する改革支援・プロジェクト経験を豊富に有する。近年はCASEを踏まえた技術戦略立案や、開発プロセス変革などに多くの実績を持つ。

田中 佑允（アーサー・ディ・リトル・ジャパン プリンシパル） 第7章担当

自動車業界を中心に、幅広い製造業の支援を手掛ける。中期経営計画、ポートフォリオ、事業再生などの戦略領域を得意とする他、プロセス改善やコスト削減などのオペレーション領域も幅広く手掛ける。自動車業界におけるトランスフォーメーションも複数経験している。

西原 雅勇（アーサー・ディ・リトル・ジャパン マネジャー） 第7・15章担当

主な担当領域は、自動車部品業界における中長期ビジョン・経営戦略立案、事業戦略・技術戦略立案、グローバルガバナンスの構築支援。近年は、自動車業界以外への新規事業戦略策定にも取り組む。

竹内 国貴（アーサー・ディ・リトル・ジャパン マネジャー） 第8章担当

主な担当領域は、自動車・製造業における事業戦略立案、技術戦略立案、新規事業立案。特に自動車産業分野に関するプロジェクト経験を豊富に有し、近年はCASEトレンドやモビリティーサービスに関する事業戦略立案を中心に支援をしている。

三ツ谷 翔太（アーサー・ディ・リトル・ジャパン パートナー） 第10章担当

主な担当領域は、製造業やインフラ産業におけるイノベーション戦略の策定支援や実行支援。近年は日本としてのイノベーションエコシステムの強化に向けて、中央政府や地方、大学やスタートアップなど、様々なステークホルダーに対する支援にも取り組んでいる。著書に「フラグメント化する世界－GAFAの先へ－」（日経BP）。

松岡 智代（アーサー・ディ・リトル・ジャパン マネジャー） 第10・12章担当

主な担当領域は、化学・素材・部品を中心とした製造業に対する新規事業戦略・中長期戦略の策定支援。近年はイノベーションエコシステム強化の一環として、官公庁、ファンド＆VC、スタートアップ、大学の産学連携部門の支援を行う他、新技術を活用したイノベーション創出に向け、関連プレイヤーと協働した情報発信や仕掛けづくりにも取り組む。

内田 浩司（アーサー・ディ・リトル・ジャパン プリンシパル） **第12章担当**

主な担当領域は、化学・素材領域を中心とする成長戦略策定、事業および組織変革、M＆Aおよびアライアンスなどトランザクションに関する支援。化学メーカーを経てコンサルティングに従事。ADLにおけるグローバル化学・素材チームのコアメンバー。

堀 卓也（アーサー・ディ・リトル・ジャパン マネジャー） **第13章担当**

主な担当領域は、エレクトロニクス・自動車などの製造業全般。全社・事業戦略策定、R＆D戦略策定、新規事業策定、ビジネスデューデリジェンスなどに多くのプロジェクト経験を有する。近年では特に、CASEやモビリティーの動向を踏まえた事業策定支援や自動車・エレクトロニクス業界のデューデリジェンスなどに多くの実績を保有。

立野 大輔（アーサー・ディ・リトル・ジャパン マネジャー） **第14章担当**

主な担当領域は、重工業・重電・機械、自動車などの製造業企業やエンジニアリング企業における事業/技術戦略策定支援、ファンド向けビジネスデューデリジェンスなど。近年では、インフラ領域における事業戦略策定支援やインフラ関連メーカーなどに対するデューデリジェンスなどに多くの実績を保有する。

近藤 淳太（アーサー・ディ・リトル・ジャパン プリンシパル） **第15章担当**

主な担当領域は自動車、その他輸送機器、建機をはじめとする産業機械などの製造業企業における事業戦略・中長期ビジョンの策定支援、ファンド向けビジネスデューデリジェンス（事業性評価）など。特に自動車産業分野に関するプロジェクト経験を豊富に有し、近年はインドをはじめとする海外新興国市場や、セールス＆マーケティング、フリートマネジメント領域における事業戦略策定を中心に支援している。

モビリティーサプライヤー進化論
CASE時代を勝ち抜くのは誰か

2019年12月23日　第1版第1刷発行

著　者　アーサー・ディ・リトル・ジャパン
発行者　望月 洋介
発　行　日経BP
発　売　日経BPマーケティング
〒105-8308　東京都港区虎ノ門4-3-12
装　丁　松川 直也（日経BPコンサルティング）
制　作　株式会社大應
印刷・製本　図書印刷株式会社
カバー画像　Shutterstock

Printed in Japan
ISBN　978-4-296-10464-2